CADMOS
REITERPRAXIS

Müde Pferde
munter machen

CAMOS

REITERPRAXIS

BIRGIT VAN DAMSEN

Müde Pferde munter machen

Mit Motivation zu neuem Schwung

Impressum

Copyright © 2007 by Cadmos Verlag, Brunsbek
Gestaltung und Satz: Grafikdesign Weber, Bremen
Fotos und Grafiken: Birgit van Damsen
Lektorat: Anneke Bosse
Druck: LVDM, Linz
Alle Rechte vorbehalten.

Printed in Austria

ISBN 978-386127-560-2

Gähnen ist oft Ausdruck von Langeweile.

Da muss doch etwas „faul" sein:

Wenn das Pferd nicht laufen will

Jeder Reiter, der schon einmal versucht hat, ein extrem triebiges Pferd in Gang zu bringen, weiß, wie schwierig das sein kann: So sehr man sich auch bemüht – das Pferd ist einfach nicht zu mobilisieren und läuft wie mit angezogener Handbremse.

Man treibt mit allem, was man einsetzen kann: Gesäß, Schenkeln, Stimme und schließlich Gerte oder Sporen, aber bestenfalls ist der Erfolg nur kurzfristig, und nach ein paar Minuten schleicht das Pferd wieder müde vor sich hin. Am Anfang reagiert man noch verärgert oder sogar erzürnt, bald schon aber resignieren die meisten Reiter verzweifelt. Das Problem scheint unüberwindbar zu sein, woraus sich häufig ein Teufelskreis entwickelt: Der Reiter hat immer weniger Lust, sein Pferd zu bewegen, und sucht wiederholt nach Ausreden, das Training ausfallen zu lassen. Durch diese Passivität wird das Pferd jedoch zunehmend unbeweglicher und behäbiger.

Dieses Buch möchte Lösungswege aufzeigen, die aus der vermeintlichen Sackgasse führen können. Hierzu wird zunächst nach den möglichen Ursachen geforscht, die meist für eine dauerhafte Antriebsschwäche verantwortlich sind und die es gilt, für jedes einzelne Pferd herauszufinden. Die Gründe, warum ein Pferd lustlos dahintrottet, können sehr unterschiedlich sein: eine noch nicht entdeckte Erkrankung, ein drückender Sattel, Energie- oder Mineralstoffmangel, eine die Bewegung einschränkende Haltungsform, typbedingte Probleme oder Trainingsfehler.

Ist das Pferd jedoch kerngesund, passt die Ausrüstung und sind Haltung sowie Fütterung art- und leistungsgerecht, muss überlegt werden, wie grundsätzlich vorgegangen werden sollte, um das Pferd erfolgreich zu aktivieren. Hierfür werden fünf Prinzipien formuliert, die man stets beachten sollte, wenn man sein Pferd wirksam und fair auf Trab bringen möchte.

Auf der Suche nach den Ursachen:

Wer ist schuld?

Es ist sehr wichtig, dass man unbedingt den Grund für das äußerst träge Verhalten seines Pferdes ausfindig macht. Versucht man, ein krankes Pferd zu motivieren, riskiert man eventuell folgenschwere gesundheitliche Schäden. Aber auch andere Ursachen müssen erkannt und möglichst verhindert oder behoben werden, weil sonst alle Anstrengungen zur Aktivierung von vornherein zum Scheitern verurteilt wären.

Physische Störungen und Erkrankungen

Alle ernsthaften Erkrankungen ziehen beim Pferd eingeschränkte Lauffreude oder Leistungsverweigerung nach sich. Es gibt jedoch eine Reihe von körperlichen Problemen, die nicht oder nicht gleich von Beginn an als Krankheiten erkennbar sind, sondern sich unmerklich einschleichen

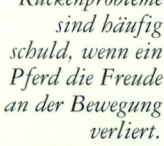

Rückenprobleme sind häufig schuld, wenn ein Pferd die Freude an der Bewegung verliert.

Arthrosen sind zu Beginn nur mit Röntgenbildern zu diagnostizieren.

und/oder nur eine generelle Konditionsschwäche bewirken können.

Bewegungsapparat

Während Zerrungen, Risse und akute Entzündungen der Sehnen relativ schnell durch Schwellung, Druckschmerz und Lahmheit deutlich erkennbar sind, sind die Schmerzen bei einer durch dauerhafte Überlastung entstehenden chronischen Entzündung des Fesselträgers (einer Sehne, die zusammen mit den Gleichbeinen und Gleichbeinbändern das Fesselgelenk aufrecht hält) anfangs so gering, dass das Pferd zwar unwillig läuft, aber nicht lahmt. Wird das Pferd dann weiter geritten, kann der Fesselträger noch stärker geschädigt werden. Zwar bewahren elastische, gut entwickelte Muskeln die Sehnen vor Schäden. Ist die Muskulatur des Pferdes allerdings nicht ausreichend aufgewärmt, schwach oder schlaff oder bereits schon müde und hart, können

sie erhöhte Belastungen nicht mehr auffangen. Deshalb sollte man insbesondere Kaltstarts, Überanstrengungen und tiefe Böden vermeiden sowie auf eine regelmäßige Korrektur der Hufe beziehungsweise die rechtzeitige Erneuerung des Hufbeschlags achten.

Auch Arthrosen in den Beingelenken sind im Anfangsstadium nur schwer erkennbar, weil sich deutliche Lahmheiten und Knochenwucherungen erst allmählich entwickeln. Einige Arthrose-Pferde können zwar zu Beginn des Trainings leicht unklar gehen, laufen sich dann aber nach ein paar Minuten ein. Insgesamt verkürzen sich die Bewegungen, der Raumgriff geht nach und nach verloren. Während Pferde mit Arthrosen an Kron-, Fessel- oder Hufbein (Schale) dazu neigen, die Trachten vermehrt zu belasten, vermeiden Pferde mit einer Arthrose im Sprunggelenk (Spat) das Anwinkeln des erkrankten Hinterbeins und schleifen dadurch mit dem Huf über den Boden. In erster Linie sind Arthrosen altersbedingte Verschleißerscheinungen, doch auch immer mehr junge Pferde mit einem gestörten Knochenstoffwechsel oder aufgrund zu frühen Anreitens haben ein höheres Risiko, Arthrose zu bekommen. Stellungs- und Gangfehler (zum Beispiel „Bügeln"), zu kleine Gelenke oder fehlerhafter Hufbeschlag begünstigen ebenfalls Gelenkarthrosen. Auch übergewichtige Pferde sind besonders gefährdet.

Gesunde Hufe sind Voraussetzung für ein frisches und fleißiges Vorwärtsgehen des Pferdes. Jede Störung führt unweigerlich

Regelmäßige Hufbearbeitungen vermeiden Störungen im Bewegungsablauf.

zu einer verminderten Lauflust. Ein klammer Gang kann auf eine chronische Huflederhautentzündung hindeuten, die bei zu stark gekürzten oder abgelaufenen Hufen ohne entsprechenden Hufschutz entstehen kann. Bewegt sich das Pferd „eiernd", liegt eventuell eine schleichende Hufrehe vor, meist eine Folge übermäßiger Zufuhr kohlenhydratreicher Futtermittel in Kombination mit Bewegungsmangel und Dickleibigkeit. Kurze, gebundene Schritte mit häufigem Stolpern können die Anfänge einer Hufrollenentzündung sein, die durch andauernde Überbeanspruchung der Vorderbeine verursacht und durch Fehlstellungen der Hufe begünstigt wird.

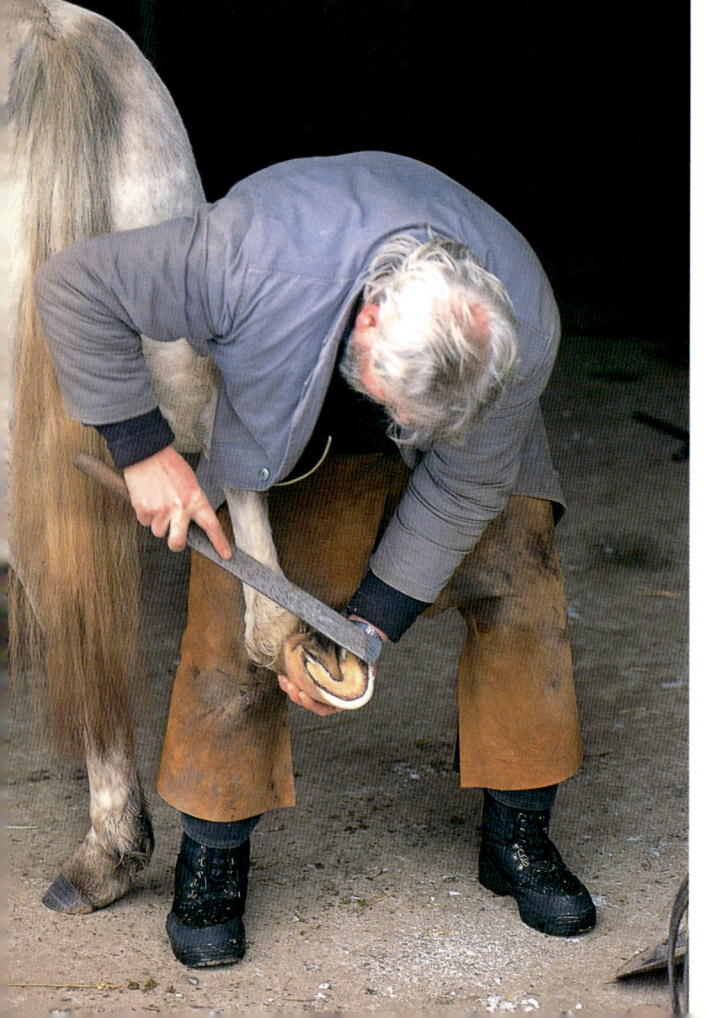

Die Hufe als „Leistungsträger"

Damit das Pferd sich ungehindert fortbewegen kann, müssen sowohl die Barhufzubereitung als auch der Hufschutz korrekt und individuell abgestimmt sein. Fehlstellungen müssen korrigiert werden, die Hufform muss zum Fesselstand passen, und es muss eine ausreichende Zehenrichtung vorhanden sein, die das Abrollen der Hufe erleichtert. Der Hufbeschlag muss außerdem so angebracht werden, dass der Hufmechanismus nicht eingeschränkt wird, und Hufschuhe dürfen nicht drücken oder scheuern.

Rückenprobleme

Bei vielen rückenkranken Pferden treten anfangs keine eindeutigen Symptome auf, sondern nur Leistungsrückgang, Unrittigkeit und Widersetzlichkeiten. Manche weichen schon beim Putzen aus oder drücken den Rücken beim Satteln weg. Beim Reiten wollen sie oft nicht richtig vorwärts gehen, laufen schwunglos, verwerfen sich in Wendungen und halten den Schweif schief. Einige wehren sich gegen den Zügel und reißen den Kopf hoch. Im fortgeschrittenen Stadium sind sie unfähig, rückwärts zu gehen und zu springen, verweigern schließlich ganz die Leistung oder reagieren mit massiven Abwehrbewegungen wie Steigen.

Nicht wenige dieser vermeintlichen Rückenleiden basieren allerdings auf krankhaften Veränderungen der Gliedmaßen. Schmerzen nämlich Beine oder Hufe, spannt das Pferd seine Rücken- und Bauchmuskulatur unweigerlich an und läuft verkrampft mit festgehaltenem Rücken.

Durch Verletzungen oder permanenten Bewegungsmangel in der Aufzucht können ebenfalls Rückenleiden entstehen, die jedoch erst Jahre später zutage treten. Auch Gebäudefehler wie zum Beispiel ein Senkrücken begünstigen Rückenprobleme.

Die Mehrzahl der Rückenleiden sind allerdings nicht anatomisch begründet, sondern hausgemacht: Durch Haltungsfehler, mangelhafte Ausrüstung, unsachgemäße Ausbildung, falsche Hilfengebung sowie zu frühe oder zu starke Belastung kann es zu Muskelverspannungen und Schäden der Wirbelsäule kommen, die immer die Bewegungsfreude einschränken und die Leistungsbereitschaft senken.

Durch reine Boxenhaltung zum Beispiel ist das Pferd gezwungen, sich in kleinen Kreisen zu bewegen – dadurch wird die Wirbelsäule überlastet. Zu hohe und undurchsichtige Trennwände oder hoch angebrachte Futterraufen zwingen

das Pferd in eine unnatürliche hohe Kopfhaltung, wodurch sich die Hals- und Rückenmuskulatur verspannt und die Dornfortsätze der Brust- und Lendenwirbel zu dicht aneinanderrücken. Durch Berührung und mechanische Reibung können sie sich entzünden und zum Kissing-Spines-Syndrom führen. Auch wenn Pferde durch grobe Zügelhilfen, nicht passende Gebisse, drückende Sättel oder zu schwere Reiter im Hohlkreuz laufen, werden die Dornfortsätze aneinandergepresst.

Ähnliches gilt für Pferde, deren Muskulatur sich altersbedingt oder infolge langer Trainingspausen zurückgebildet hat, und für Jungpferde mit noch unzureichender Muskelentwicklung. Diese Pferde sind nicht ausreichend in der Lage, mithilfe der Oberhals-, Rücken- und Bauchmuskeln ihren Rücken aufzuwölben und so ihre Wirbelsäule anzuheben.

Durch unsachgemäße Anwendung von Hilfszügeln oder permanente Versammlung ohne ausgleichende Lösungs- und Dehnungsphasen verkrampfen sich Hals- und Rückenmuskeln. Auch ein angespannter oder unruhiger Sitz oder falsche Treibhilfen des Reiters wirken sich negativ auf die Rückenmuskulatur aus. Versucht der Reiter, sein Pferd durch Zurücklehnen und Anspannen der Gesäßmuskeln anzuschieben, drückt er ihm die Sitzbeinhöcker in den Rücken, wodurch das Pferd seine Lenden- und Brustmuskeln verspannt. Gegen klammernde oder ständig klopfende Schenkel wehrt sich das Pferd mit Muskelverspannungen – sie können es regelrecht erstarren lassen. Auch durch Angst oder Stress und dadurch bedingten oder chronischen Durchfall kommt es zu nachhaltigen Verspannungen der Muskulatur.

Für die Gesunderhaltung des Pferde-rückens spielt ein sorgfältig angepasster Sattel eine zentrale Rolle. Sättel müssen in Größe, Kammerbreite und Sitzflächen-anordnung exakt und individuell auf den jeweiligen Pferderücken abgestimmt wer-den. Um Schäden an der Wirbelsäule oder Rückenmuskulatur vorzubeugen, ist eine regelmäßige Sattelkontrolle sinnvoll. Am zuverlässigsten zeigt eine elektronische Sattelmessung, ob Lage, Passform und Gewichtsverteilung korrekt sind oder ob es extreme Druckpunkte gibt.

Mängel bei der Passform eines Sattels kann auch die beste Sattelunterlage nicht ausgleichen! Im Gegenteil: Der Versuch, mit mehrschichtigen oder besonders dicken Sattelunterlagen schlecht sitzen-de Sättel passend zu machen, kann die Rückentätigkeit zusätzlich beeinträch-tigen, weil die Wirbelsäule nicht mehr frei liegt. Aus diesem Grund sollte man Sattelunterlagen stets hoch einkammern, damit kein Druck auf die Dornfortsätze entsteht. Eine hochwertige, gut sitzende Sattelunterlage schützt den Pferderücken, indem sie den Sattel stabilisiert, Stöße ab-fängt und für einen besseren Druckaus-gleich sorgt.

Wie wichtig ein gut angepasster Sat-tel ist, zeigt eine Untersuchung der Uni-versität Wien, wonach die Belastung im Galopp auf das Dreifache des eigentlichen Reitergewichtes ansteigt.

Zusätzliche Sattelunter-lagen sind keine Hilfe bei unpassenden Sätteln!

Schleichende Erkrankungen der Atemwege schränken die Nutzung nach und nach ein – bei Verdacht ist eine gründliche Untersuchung angezeigt.

Atemwegs- und Herzprobleme

Jede krankhafte Veränderung der oberen Luftwege, der Lunge und/oder des Herzens bedingt Atembeschwerden und Konditionsschwäche.

Während akute Entzündungen der oberen Atemwege oder Lunge immer mit Fieber und Husten verbunden sind, fehlt das Fieber bei chronischen Verlaufsformen meist und die betreffenden Pferde husten nur zu Trainingsbeginn, bei stärkerer Belastung oder wenn ihre Atemwege zum Beispiel durch Staub gereizt werden. Dennoch sind sie nur noch begrenzt leistungsfähig. Für das Entstehen der chronisch-obstruktiven Bronchitis (COB) sind meist nicht vollständig ausgeheilte akute Entzündungen, zu frühe Wiederaufnahme des Trainings oder eine spät erkannte Atemwegsallergie auf Pilzsporen oder Blütenpollen verantwortlich. Aus einer chronischen Bronchitis kann sich allmählich ein

Lungenemphysem mit erschwerter Ausatmung und daraus bedingter Entstehung einer Dampfrinne entwickeln. Dämpfige Pferde sind unheilbar krank und können nicht oder nur noch eingeschränkt gearbeitet werden.

Auch die Kehlkopflähmung kann eine Folge chronischer Infektionen der oberen Luftwege sein. Im Unterschied zur Dämpfigkeit leiden Kehlkopfpfeifer aber nur in schweren Fällen unter Atemnot, meiden jedoch trotzdem jegliche Anstrengung, weil sie sich instinktiv schonen. Die Atemstörung mit dem für diese Krankheit typischen Pfeifen, Röcheln oder Keuchen, besonders im Trab und Galopp, kann operativ behoben werden, sodass die Pferde wieder voll einsatzfähig sind.

Eine Einschränkung der Atemfunktion und dadurch bedingte Leistungseinbußen können ferner eine Folge zu eng verschnallter Reithalfter sein. Vor allem der so genannte Pullerriemen behindert die Luftzufuhr oft, weil er genau über der Lufttrompete verläuft. Mittels korrekt verschnallter Sperrhalfter und durch Weglassen des Pullerriemens lässt sich dieses Problem schnell beheben.

Herzkranke Pferde haben ebenfalls eine schwache Kondition, ermüden sehr schnell und schwitzen schon bei geringer Anstrengung. Die wenigsten Herzprobleme sind jedoch angeboren, sondern entwickeln sich im Laufe des Lebens als Folgeerscheinung verschleppter Infektionen oder Herzmuskel schädigender Stoffe. Eine

Wenn eng verschnürte Reithalfter die Atmung behindern, ist es mit der Lauflust vorbei.

häufig vorkommende Herzerkrankung ist das Cor pulmonale, meist durch die geblähte Lunge des Lungenemphysems verursacht. Weil die rechte Herzkammer, aus der das Blut zur Lunge fließt, gegen einen erhöhten Druck anpumpen muss, wird sie permanent überbelastet und vergrößert sich. Bleiben Herzerkrankungen unbehandelt, entwickeln sich schwere Herzschwächen, bis das Herz schließlich versagt.

Bedenken muss man auch, dass selbst beim gesunden Herz die Leistungsfähigkeit mit fortschreitendem Alter abnimmt. Dies ist jedoch kein krankhafter Prozess, sondern eine altersbedingte Konditionsschwäche, die beim Bewegen älterer Pferde berücksichtigt werden muss.

Probleme mit Zähnen und Maul

Zahnprobleme führen nicht nur zu Kau- und Verdauungsstörungen, sondern auch zu Schwierigkeiten beim Reiten: Die Pferde legen sich auf den Zügel oder wehren sich mit Kopfschlagen oder Zungenstrecken, halten den Kopf schief, verwerfen sich im Genick und lassen sich schlecht biegen und wenden. Zahnkranke Pferde magern ab und werden müde und apathisch. Zahnschmerzen, aber auch ungeeignete Gebisse und/oder harte Reiterhände, die Schmerzzustände im Maul bewirken, führen immer zu Störungen im Bewegungsablauf oder zu vollständigen Bewegungsblockaden, indem sich das Pferd vom Maul über das Genick, den Hals und den Rücken bis zum Schweif verspannt und keine Hilfen mehr durchlässt.

Beim Reiten stören vor allem scharfe Zahnhaken, die sich an den Außenseiten der oberen und an den Innenseiten

der unteren Backenzähne durch unzureichenden oder ungleichmäßigen Abrieb bilden und zu Verletzungen der Backen- und Zungenschleimhaut führen können. Auch Störungen beim Zahnwechsel sowie Wolfszähne, an die das Gebiss schmerzhaft drückt, lösen Rittigkeitsprobleme aus. Deshalb sollten Pferdezähne jährlich, bei Fehlstellungen im Kiefer oder fehlenden Zähnen bei älteren Pferden alle sechs Monate von einem versierten Tierarzt oder Pferdedentisten kontrolliert und gegebenenfalls korrigiert werden.

Ein großes Problem stellen auch unsachgemäße Zäumungen dar. Verschlissene Gebisse haben manchmal scharfe Kanten, die Lefzen, Zunge und Maulschleimhaut verletzen können. Auf einige Gebissmaterialien wie zum Beispiel Nickel oder Gummi reagieren manche Pferde allergisch, unpassende Gebisse können Lefzen und Zunge schmerzhaft einquetschen. Durch falsche Zäumung oder harte Handeinwirkung kann sich zudem der Unterkiefer im zahnfreien Bereich entzünden, was man als Ladendruck bezeichnet.

Maulprobleme lassen das Pferd verkrampft laufen.

Züumung als Zündschlüssel

Die Wahl und Anpassung des richtigen Gebisses muss mit großer Sorgfalt geschehen. Nicht wenigen Pferden sind Metallgebisse – ob gebrochen oder ungebrochen – generell unangenehm. Wechselt man auf ein so genanntes Nathegebiss aus hochwertigem, maulfreundlich geformtem Kunststoff oder auf eine gebisslose Zäumung, entspannen sich diese Pferde und werden wieder durchlässiger und lauffreudiger.

Was sonst noch schlapp und matt macht

Es gibt weitere Gründe, die an einem plötzlichen, vorübergehenden, sporadischen, saisonalen oder periodischen Leistungsabfall schuld sein können. Erhöhte Temperatur oder leichtes Fieber (38 bis 38,5 Grad Celsius) machen Pferde lustlos und müde und können der Anfang einer noch verborgenen Erkrankung sein. Auch Mangelerscheinungen, Verwurmungen, Allergien, eine gestörte Leberfunktion oder Krankheiten wie zum Beispiel Anämie oder Borna beginnen mit einer

Apathie kann ein erstes Zeichen für ernsthafte Krankheiten sein.

Stoffwechsel für einen zeitweisen Leistungseinbruch verantwortlich sein. Insbesondere ältere und/oder herzschwache Pferde leiden häufig unter einem verzögerten Fellwechsel.

Unerwartet große Temperaturschwankungen oder ungewöhnlich milde Temperaturen im Winter beziehungsweise große Hitze im Sommer haben negativen Einfluss auf das Leistungsvermögen und belasten vor allem Robustpferde mit ohnehin dickerem Fell. Im Zuge des Klimawandels und der damit verbundenen Erderwärmung werden sich laue Winter und heiße Sommer in Zukunft mehren. Hohe Anstrengungen bei extremer Wärme und Sonneneinstrahlung können jedoch schnell zu Hitzschlag oder Austrocknung des Pferdes führen. In beiden Fällen lassen die betroffenen Pferde plötzlich in der Leistung nach, Bewegungsstörungen treten auf und ein Kreislaufkollaps droht. Dagegen zeigen die meisten, auch die sonst eher behäbigeren Pferde an frischen und kühlen Frühjahrs- oder Herbsttagen mehr Eigendynamik und Agilität.

Ebenfalls einplanen sollte man die Wach- und Ruhephasen des pferdeeigenen Biorhythmus. Die wichtigsten Schlafpausen liegen vor der Morgen- und nach der Abenddämmerung. Am aktivsten sind Pferde während der Dämmerung, und zwar abends stärker als morgens. Je nach Jahreszeit und vorherrschenden Temperaturen können sich diese Phasen ein wenig nach hinten oder vorn verlagern. Im Unterschied zum Menschen haben Pferde mehrere über Tag und Nacht verteilte Aktivitätsschübe, auf die stets ähnlich lange Ruhephasen folgen. Dadurch kann sich das Pferd wesentlich besser an Zeitverschiebungen anpassen und stellt

generellen Schwäche und apathischem Verhalten, bevor andere Symptome hinzukommen. Im Verdachtsfall kann eine frühzeitig durchgeführte Blutuntersuchung klären, was hinter allgemeiner Kraftlosigkeit und vermeintlicher Faulheit steckt. Auf diese Weise können physische Störungen oder Krankheiten früh erkannt und behandelt werden, bevor sie sich verschlimmern oder chronisch werden.

Bei Stuten kann außerdem eine versteckte Trächtigkeit für weniger Bewegungseifer in Betracht kommen. Besonders dickpelzige und korpulente Kleinpferde und Ponys können lange Zeit verbergen, dass sie tragend sind.

Ferner kann der Fellwechsel mit seinen veränderten Anforderungen an den

sich in der Regel relativ schnell auf veränderte Trainingszeiten ein. Dennoch: Wer sein Pferd vereinzelt in seinem individuellen Bio-Tief erwischt oder seinen natürlichen Rhythmus permanent durcheinanderbringt, braucht sich über Triebigkeit nicht zu wundern.

Rasse- und typbedingte Behäbigkeit

Ähnlich wie bei uns Menschen gibt es auch bei den Pferden von Natur aus eher ruhigere und gemächlichere Charaktere, die aufgrund ihres unkomplizierten und verlässlichen Wesens vor allem als Fami-

lien- und Freizeitpferde sehr beliebt sind. Von diesen Pferden darf man nicht erwarten, dass sie sich bei der Arbeit besonders engagieren, sondern muss ihre schwerfällige Art akzeptieren und sie ihren Neigungen entsprechend einsetzen.

Bei einigen Rassen ist die gebremste selbstständige Fortbewegung physiologisch begründet und hat nichts mit Faulheit zu tun. Rassen, die ursprünglich aus Kaltklimazonen stammen, bewegten sich instinktiv weniger und langsamer, um Energie zu sparen und sich gegen ein lebensbedrohliches Auskühlen zu schützen. Was jedoch in ihrer frostigen Heimat sinnvoll war, erscheint in unseren wärmeren Gefilden oft als vermeintliche Trägheit.

Kalibrige Kaltblüter sind nicht faul, sondern zeichnen sich durch eine zweckgebundene Gemächlichkeit aus.

Auch der oft schwung- und energielos wirkende Bewegungsablauf schwerer Warmblut- und Kaltblutrassen ist durchaus zweckmäßig. Man stelle sich einen Kaltblüter vor, der ständig aufgedreht herumspringt. Aufgrund seiner enormen Größe und Körpermasse wäre ein solches Pferd nicht mehr gefahrlos zu handhaben, würde für seinen eigentlichen Verwendungszweck als Zugpferd unbrauchbar und bekäme sicher bald auch gesundheitliche Probleme.

Pferde mit einem eher ausgeglichenen Gemüt und geringerer freiwilliger Eigenbewegung sind häufig bei den sogenannten Nordpferden sowie bei schweren Warmblut- und Kaltblutrassen zu finden. Unabhängig von der Rasse gibt es aber natürlich individuelle Unterschiede, die man als Reiter und Besitzer akzeptieren muss. So findet man auch bei Pferden phlegmatische Typen – eher ruhige, sehr ausgeglichene und fromme Pferde mit einem abgeklärten und friedlichen Gesichtsausdruck. Die Bewegungen verlaufen langsam, aber raumgreifend. Während der Arbeit sind sie zuverlässig und umgänglich, müssen aber häufig angetrieben werden. Melancholische Pferdetypen hingegen sind schwerfällig, aber eigenwillig. Der Gesichtsausdruck wirkt teilnahmslos, die Bewegungen erscheinen kurz und schleifend. Diese Pferde sind während der Arbeit meist störrisch, bisweilen auch widerspenstig.

Haltungsbedingte Steifheit und Lethargie

„Wer rastet, der rostet", heißt eine Volksweisheit und das nicht nur rein körperlich, sondern auch psychisch. Jeder kennt den Effekt, wenn man zu lange faulenzt: Man wird immer ungelenkiger, hat zunehmend weniger Lust, sich zu bewegen, und verfällt schließlich in eine regelrechte Schlafsucht mit wachsendem Desinteresse – vor allem eine Folge mangelnder Durchblutung und Sauerstoffversorgung. Was für den Menschen gilt, trifft umso mehr auf das Bewegungstier Pferd zu. Um physisch gesund und fit sowie mental rege zu bleiben, benötigt das Pferd in erster Linie eine Haltungsform, die ihm eine möglichst kontinuierliche Bewegung erlaubt und die Psyche durch diverse Sinnesreize anregt und wach hält.

Andauernde Bewegungseinschränkungen

Die Haltung des Pferdes hat einen erheblichen Einfluss auf seine Gesunderhaltung, Fitness und Leistungsbereitschaft. Der gesamte Bewegungsapparat des Steppentieres Pferd ist auf eine Art „Dauerlauf" im vorwiegend langsamen Tempo – unterbrochen von kurzen Sprints und entsprechenden Ruhephasen – ausgelegt. Wird dieser natürliche Bewegungsdrang durch reine Boxenhaltung dauerhaft eingeschränkt, leidet nicht nur die Leistungsfähigkeit, sondern auch die Gesundheit des Pferdes. Denn Muskeln, Sehnen, Bänder und Gelenke können sich nur bei ausreichender Bewegungsfreiheit voll entwickeln und geschmeidig bleiben. Auch die auf Flucht spezialisierten, hochfei-

nen Sinnesorgane verkümmern bei ausschließlicher Stallhaltung, bis das Pferd nur noch stumpf und teilnahmslos vor sich hin döst und in einen Dämmerzustand verfällt. Durch die Umstellung auf eine artgerechte Haltung in der Paddockbox oder besser noch im Offenstall mit Artgenossen werden Motivation und Leistungsbereitschaft gefördert. Zudem stärkt ständige Bewegung an der frischen Luft die leistungsrelevante Atemfunktion und sorgt für eine reibungslose Verdauung. Das Argument, dass Pferde durch die Bewegung und Beschäftigung in offener Stallhaltung leistungsschwach würden, ist längst widerlegt. Selbst Reiter im Spitzensport wissen heute, dass artgemäß gehaltene Pferde wesentlich gesünder, gehfreudiger und zufriedener sind.

Fehlende Bewegungsanreize

Bei von Natur aus passiveren Pferden sind aber selbst in der Offenstallhaltung

> **!**
> **Ständige Bewegung und frische Luft machen fit und munter!**

Boxenpferde langweilen sich und stumpfen nicht selten mental ab.

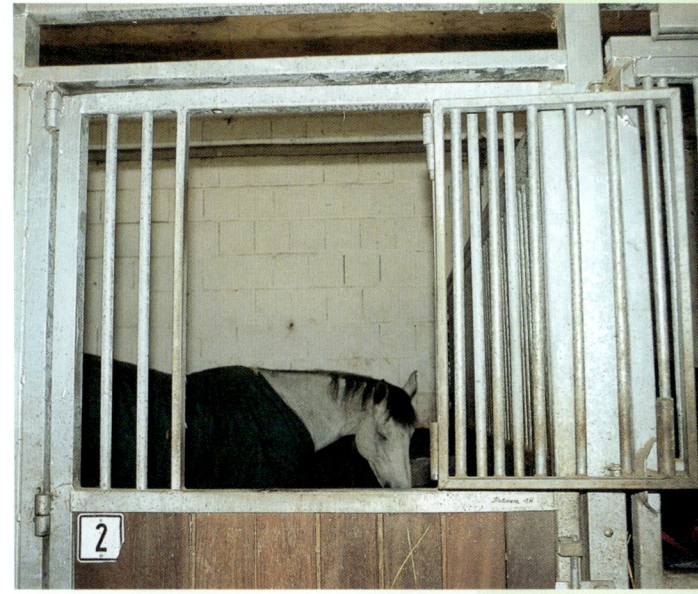

zusätzliche Bewegungsanregungen erforderlich. So kann die Bewegungsaktivität gesteigert werden, indem man die Laufwege künstlich verlängert. Das erreicht man mittels weit auseinanderliegender Futter- und Ruheplätze, durch eingebaute Naturhindernisse wie Hügel und Baumstämme oder einen mittig angeordneten Stichzaun im Paddock. Weil die Pferde also Rund- und Umwege in Kauf nehmen müssen, um von A nach B zu gelangen, laufen sie sozusagen gezwungenermaßen öfter und weiter.

Eine Gruppe, die aus unterschiedlichen Temperamentstypen besteht, kann bewegungsarme Pferde ebenfalls zu mehr Bewegung animieren. Die Erfahrung hat nämlich gezeigt, dass in einer solchen Pferdegruppe oftmals mehr Dynamik vorhanden ist, weil die bewegungsaktiveren Pferde diejenigen mit geringerer Eigenbewegung anspornen. Voraussetzung hierfür sind allerdings großzügige Innenräume sowie weitläufige Paddockflächen, die so gestaltet sein müssen, dass langsame Tiere nicht ununterbrochen drangsaliert und gejagt werden, sondern sich bei Bedarf sicher zurückziehen können.

Fütterungsbedingte Leistungsschwäche

Fehl- oder Mangelernährung kann einen deutlichen Konditionsnachlass bewirken, weil das Pferd entweder zu dick oder zu dünn ist, Defizite im Mineral-Vitamin-Haushalt bestehen oder die über das Futter zugeführten Energiespender für die zu erbringende Leistung nicht ausreichen.

Übergewicht oder Unterernährung

Pferde mit Überpfunden werden mit der Zeit immer träger und schlapper, weil ihr gesamtes Kreislaufsystem durch die vermehrt notwendige Anstrengung permanent überlastet ist, wenn sie sich bewegen. Auch körperliche Folgeschäden des Übergewichts wie Herz- oder Muskelschwäche, überbeanspruchte Sehnen und Bänder oder vorzeitig verschleißte

Dürre, schlecht bemuskelte Pferde sind zu schwach für jegliche Art von Leistung.

Gelenke und Rückenwirbel gehen zulasten der Leistungsfähigkeit.

Magere Pferde sind ebenso kraftlos und antriebsschwach. Sie haben keine ausreichenden Fettreserven und können nicht genügend Energie aufbringen, die für eine normale Bewegung erforderlich wäre. Ist durch eine extreme Abmagerung die Muskulatur bereits in Mitleidenschaft gezogen und weitgehend ausgezehrt, kommt es zur weiteren Leistungsminderung.

Sowohl beim zu dicken als auch beim zu dünnen Pferd muss durch entsprechende Fütterung eine Gewichtsabnahme beziehungsweise -zunahme angestrebt werden. Futterexperten, Tierärzte und gute Fachliteratur bieten hier die nötige Hilfestellung. Zugleich sollte in beiden Fällen ein moderates, aber regelmäßiges Bewegen ohne Höchstleistungen erfolgen, um Muskeln wieder aufzubauen und die Kondition allmählich zu steigern.

Mangel an Mineralien und Vitaminen

Mineralstoffe sind lebensnotwendige Mengen- und Spurenelemente, die wie einige Vitamine zum Teil nicht selbst produziert werden können und über das Futter zugeführt werden müssen. Bei einer Versorgung mit einwandfreien und hochwertigen Futtermitteln sind diese Vitalstoffe für ein ausgewachsenes und gesundes Pferd im sogenannten Erhaltungszustand in der Regel ausreichend vorhanden. Erhöhter Bedarf besteht allerdings bei einseitiger Fütterung, Trächtigkeit, Laktation, Wachstum, Krankheit, fortgeschrittenem Alter und bei Pferden, die verstärkt gearbeitet werden.

Bei intensiver Arbeit kann es infolge übermäßigen Schwitzens zu hohen Verlusten der Elektrolyte Natrium, Chlorid und Kalzium kommen – Leistungseinbußen, Erschöpfung und Muskelzittern sind die Folge. Auch Eisen und Magnesium werden über den Schweiß ausgeschieden. Mangelerscheinungen können Müdigkeit, Kurzatmigkeit und Muskelkrämpfe auslösen. Ein Mangel an Folsäure (Vitamin-B-Komplex) sowie an Vitamin C in Verbindung mit einem Selen-Defizit bedingen ebenfalls Leistungsschwäche und Störungen der Muskelfunktionen.

Um einer Unterversorgung vorzubeugen, sollte der individuelle Bedarf an Mineralien und Vitaminen genau ermittelt und gegebenenfalls ein ausgesuchtes vitaminhaltiges Mineralfutter zugeführt werden. Hochkonzentrierte Präparate dürfen aber nur bei nachgewiesenen Mängeln (Blutanalyse) befristet und nach Anweisung des Tierarztes verabreicht werden, da sonst das Risiko gefährlicher Überdosierungen besteht. Insbesondere bei Selen ist die Toleranzspanne zwischen notwendiger und toxischer Wirkung sehr klein.

Mehr Leistung und Muskeln durch Spezialfutter?

Zusatzfuttermittel, die angeblich die Leistung steigern sollen und/oder einen Muskelzuwachs versprechen, sind mit Vorsicht zu genießen. Viele dieser Präparate sind sehr hoch dosiert und können bei unbedachter Anwendung leicht zum Gesundheitsrisiko werden. Außerdem können durch die Fütterung allein niemals Muskeln gebildet und das Leistungsvermögen erhöht werden, wenn das entsprechende Training fehlt.

Fehlende Energieträger

Um leistungsfähig zu sein, benötigt das Pferd Energie. Diese kann es nur aufbringen, wenn es neben Mineralien und Vitaminen Kohlenhydrate, Eiweiß und Fett in ausreichender Menge verarbeiten kann. Der Energiebedarf des einzelnen Pferdes richtet sich zum einen nach Alter, Futterverwertung und Körpergewicht und zum anderen nach der Leistungsart (kurz-, mittel- oder langfristig) und der Arbeitsintensität (leicht, mittel, schwer, sehr schwer). Für die Berechnung des individuellen Energiebedarfs gilt folgende Formel:

Energiebedarf im Erhaltungszustand = 0,6 MJ verdauliche Energie multipliziert mit dem Körpergewicht (kg) hoch 0,75

– multipliziert mit 1,25 bei leichter Arbeit
– multipliziert mit 1,50 bei mittlerer Arbeit
– multipliziert mit 2,00 bei schwerer Arbeit
– multipliziert mit 2,50 bei sehr schwerer Arbeit

Wird der Energiebedarf nicht an die geforderte Arbeit angepasst, kann auch keine Leistungssteigerung erfolgen. Energie liefernde Stoffe sind in allen Futtermitteln mehr oder weniger stark enthalten. Der genaue Energiegehalt der einzelnen Futtermittel kann den DLG-Futterwert-Tabellen entnommen werden (www.dlg.org).

Als besonders energiereich gelten Fette und Kohlenhydrate, also Stärke und

Verschiedene Getreidearten gelten als Energieträger, aber auch Raufutter wie Heu und Stroh ist ein wichtiger Energielieferant.

Zucker, die vor allem in Getreide vorkommen. Dennoch darf ein leistungsschwaches Pferd nicht überproportional Kraftfutter erhalten, sondern benötigt für eine ungestörte Darmmotorik mindestens ein Kilogramm Raufutter pro 100 Kilogramm Körpergewicht täglich. In der Tagesration darf der Raufutteranteil niemals unter 50 Prozent sinken, da sonst Magengeschwüre und Koliken drohen. Die Zusammenstellung der Gesamtfutterration sollte also ausgewogen sein und in möglichst viele kleinere Portionen aufgeteilt werden.

Ein voller Bauch arbeitet nicht gern

Weil Fette und Getreide, insbesondere Gerste und Mais, schwer verdaulich sind, muss man seinem Pferd mindestens zwei Stunden Ruhe zur Verdauung gönnen, bevor man es bewegt. Bei größeren Kraftfutterrationen von mehr als zwei Kilogramm sind sogar drei bis vier Stunden Ruhe angesagt, sonst riskiert man nicht nur Verdauungsprobleme, sondern auch einen vorübergehenden Leistungseinbruch. Denn circa eine Stunde nach der Fütterung von Stärke und Zucker steigt der Insulingehalt im Blut stark an, senkt den Blutzuckerspiegel und bremst damit das Leistungsvermögen für mehrere Stunden.

Trainingsbedingte Triebigkeit

Überbeanspruchung oder Unterbeschäftigung können Pferde auf Dauer ebenso träge machen wie falscher Einsatz oder eintöniges Training.

Eine Überforderung wirkt sich immer negativ auf die Leistungsbereitschaft aus und erzeugt Unlust bei der Arbeit. Um das Pferd nicht zu überfordern, sollte es stets gemäß seines Ausbildungsstandes, seiner Konstitution und Kondition sowie seiner Tagesform trainiert werden. Überspannt man den Bogen langfristig, wird das Pferd irgendwann „sauer" oder verweigert schließlich ganz die Leistung.

Aber auch Unterforderung kann Triebigkeit bedingen und verstärken. In der freien Natur war das Pferd mit Nahrungssuche, Flucht, Rangordnungsrangeleien und Fortpflanzung ausreichend beschäftigt und bewegt. In Menschenhand fehlen diese zum Überleben notwendigen Betätigungen weitgehend. Hinzu kommt, dass das Pferd heute vornehmlich auf Leistung gezüchtet wird. Verlangt man ihm kaum oder gar keine Arbeit ab, zieht das wachsende Schwerfälligkeit und Gleichgültigkeit nach sich. Selbst in einer artgerechten Haltungsform ist das Pferd nicht genügend ausgelastet. Um körperlich und psychisch fit zu bleiben, benötigt es zusätzliche Anforderungen.

Zu bedenken ist außerdem, dass sowohl Über- als auch Unterforderung letztlich in gesundheitlichen Problemen enden können, die dann ein weiteres Training zeitweise oder sogar auf Dauer unmöglich machen.

Nicht selten werden Pferde nicht rasse- oder typgemäß eingesetzt. Aus einem kalibrigen Kaltblüter von mäßigem Temperament kann nun mal kein spritziges Springpferd werden, genauso wenig, wie aus einem nervigen Energiebündel ein gutes und zuverlässiges Zugpferd wird. Will man also ein fleißiges

Pferd haben, das mit Eifer mitarbeitet, müssen seine individuellen Veranlagungen, Neigungen und Talente berücksichtigt werden und dem gewählten Verwendungszweck entsprechen. Ein Wechsel in die geeignete Nutzungsrichtung kann also ein ehemals träges Pferd durchaus in einen Leistungsträger verwandeln.

Oft ist auch monotoner Trainingsablauf am Bummeln schuld. Wer sein Pferd Tag für Tag mit den immer gleichen Übungen langweilt, darf sich über ein lustloses Dahinschleichen nicht wundern. Hier hilft nur ein abwechslungsreiches Trainingsprogramm, das Neugierde schafft und zu mehr Lauffreude motiviert.

Dressurmäßiges Reiten auf einem Shire Horse ist eher die Ausnahme, aber möglich, wenn das Pferd Freude daran hat.

Die fünf Prinzipien der Aktivierung:

So bringen Sie Ihr Pferd auf Trab

Eine Mobilisierung des trägen Pferdes kann nur gelingen, wenn ein paar wichtige Grundregeln beachtet werden: Zuversicht und Zielstrebigkeit sind Voraussetzungen für das geplante Vorhaben. Eine Zusammenarbeit mit dem Pferd basiert auf Vertrauen und Verständigung. Das Training selbst erfordert ein ausreichend gelöstes Pferd, schrittweises Vorgehen und entsprechende Pausen zur Erholung.

1. Positive Einstellung und entschlossenes Auftreten

Wer bereits mit einer negativen inneren Haltung in den Stall kommt und nicht daran glaubt, Erfolg haben zu können, hat schon verloren! Denn Pferde besitzen sehr feine Antennen für Stimmungen, auch wenn man versucht, sie vor ihnen zu verbergen. Wittert das Pferd also miese Laune, reagiert es mit Misstrauen und Abweisung. Alle Aktivierungsversuche sind dann sinnlos, weil das Pferd verspannt und quasi erstarrt.

Damit das Vorhaben überhaupt funktionieren kann, darf man dem Pferd nicht per se Faulheit unterstellen, sondern muss ihm glaubhaft das Gefühl vermitteln, dass man ihm das erhoffte Ziel prinzipiell

Nur wer an sein Pferd glaubt und Zuversicht ausstrahlt, kann Erfolg haben.

zutraut, zum Beispiel durch entspannte Gesichtszüge oder mit einem freundlichen Lächeln. Hierzu ist es hilfreich, sich immer wieder die enormen Vorteile eines

Pferdes mit phlegmatischen Neigungen ins Gedächtnis zu rufen: Selbst wenn es nie nennenswerte Eigeninitiative entwickeln wird, so zeichnet es sich doch durch viele positive Eigenschaften wie Nervenstärke, Zuverlässigkeit und Umgänglichkeit aus, um die einen etliche Pferdebesitzer beneiden! Denn Probleme wie Durchgehen oder überhöhte Schreckhaftigkeit kommen bei diesen Gemütstieren in der Regel nicht vor.

Mit Musik geht alles besser

Rhythmische oder schwungvolle Melodien heben die Stimmung und machen gute Laune. Das weiß jeder aus Erfahrung. Deshalb ist es durchaus förderlich, auch beim Reiten oder Bewegen des Pferdes musikalische Unterstützung zu nutzen – sei es durch eine vorhandene Musikanlage in der Reithalle, mittels eines kleinen tragbaren Gerätes oder einfach nur mit eigenem Gesang. Positiver Nebeneffekt: Flotte Klänge wirken auf Pferde ebenfalls motivierend. Durch diesen zusätzlichen Ansporn werden sie oftmals deutlich agiler.

Eine grundsätzlich bejahende Ausstrahlung allein genügt jedoch nicht, um das Pferd zu überzeugen. Eine weitere entscheidende Bedingung ist, dass man ihm seine Entschlossenheit eindeutig vermittelt. Dominante Pferde tun das, indem sie mit Erfolg den Anschein erwecken, genau zu wissen, was sie wollen. Voraussetzung hierfür ist allerdings der Respekt und das Vertrauen der rangniederen Tiere. Leittier kann demnach nur dasjenige Pferd sein, dem die übrige Herde bedingungslos folgt, weil sie sich in seiner Anwesenheit sicher fühlt. Will man also, dass das Pferd willig mitarbeitet, muss man in die Rolle des Herdenchefs schlüpfen und es durch souveränes, bestimmtes Auftreten beeindrucken, indem man beispielsweise eine selbstbewusste, aufrechte Körperhaltung mit zurückgenommenen Schultern und erhobenem Kopf einnimmt. Weder Einschüchterungsversuche noch Gewaltandrohung, weder unsicheres noch zögerliches Verhalten wären hierfür zweckmäßig, sondern würden nur Vertrauens- und Respektverlust zur Folge haben. In beiden Fällen würde das Pferd unsicher, was die Arbeitsbereitschaft erheblich hemmen oder gar gänzlich blockieren kann.

2. Wirkungsvoll kommunizieren

Neben einer positiven Ausstrahlung und einem geklärten Dominanzverhältnis muss auch die Verständigung zwischen Mensch und Pferd stimmen, damit eine produktive Zusammenarbeit möglich wird. Ist die Kommunikation gestört oder für das Pferd unverständlich, ist es nicht in der Lage zu kooperieren.

Die menschliche Sprache verstehen Pferde nicht. Deshalb hat es wenig Sinn, unentwegt auf sie einzureden. Das Pferd weiß dann nicht, was man von ihm will. Allerdings kann man ihm kurze, einprägsame Kommandos beibringen, wenn bestimmte Verhaltensmuster verlangt werden. Diese Stimmhilfen müssen sich

Eine wirksame Interaktion mit dem Pferd macht Fortschritte möglich.

jedoch deutlich voneinander unterscheiden, damit das Pferd sie zuordnen kann. Auch müssen stets dieselben Kommandos verwendet werden – also nicht heute „Hüh" und morgen „Hopp" –, sonst kann es sich die Kommandos nicht merken und ist verwirrt. Je nachdem, wie wir unsere Stimme betonen, kann sie zusätzlich aufmunternd klingen und die Absicht unserer Kommandos unterstützen.

Die Körpersprache ist bei Pferden sehr ausgeprägt, Sie kommunizieren hauptsächlich mittels Gestik und Mimik. Das können wir uns zunutze machen, indem wir eine Art Zeichensprache entwickeln, die zusammen mit den Stimmhilfen

angewendet wird. Diese Signale übt man vorwiegend mit den Händen und Armen aus, wobei Hilfsmittel wie zum Beispiel der Führstrick oder die Gerte als Armverlängerung hinzukommen. Auch die Zeichensprache muss für das Pferd klar erkennbar sein. So bedeutet beispielsweise der angehobene Arm mit geöffneter Hand, der seitlich von hinten treibt, dass das Pferd vorangehen soll.

Die Signale vom Sattel aus müssen für das Pferd ebenfalls unmissverständlich sein. Die reiterlichen Hilfen dürfen weder zu lasch noch zu heftig oder permanent durchgeführt werden, sondern müssen richtig dosiert und gezielt eingesetzt

Sporen und Gerte dürfen nicht als „Treibwerkzeuge" missbraucht werden.

nicht gegen, sondern nur mit dem Pferd erreicht werden. Deshalb gilt es, alle treibenden Hilfen auf ein Minimum zu begrenzen und diese zu verfeinern, anstatt zu verstärken, mit dem Ziel, das Pferd für die Hilfengebung zu sensibilisieren. Nur bei einem Pferd, das keine Gertenangst hat, sondern diese als Hilfe versteht, genügt die bloße Anwesenheit, damit es frischer vorwärts geht. Auch beim Reiten kann die Stimme von Nutzen sein und die treibenden Hilfen verbal unterstützen.

3. Richtig aufwärmen und lösen

Zu Beginn eines jeden Trainings sollte das Pferd grundsätzlich mindestens zehn bis fünfzehn Minuten im Schritt auf die anstehende Arbeit vorbereitet werden. Durch diese schonende Bewegung werden Muskeln, Sehnen und Bänder besser durchblutet und so elastischer. Gleichzeitig wird mehr Gelenkflüssigkeit produziert, die vom Knorpel aufgenommen wird und für die ausreichende Gleitfähigkeit der Gelenke bei höherer Beanspruchung sorgt. Wer zu ungeduldig ist und die Aufwärmphase vorzeitig abbricht, riskiert nicht nur unnötige Verletzungen, sondern auch Verspannungen der Muskulatur infolge mangelnder Blutzufuhr. Nicht wenige vermeintlich faulen Pferden wird einfach nicht genügend Zeit zum Aufwärmen zugebilligt. Deshalb sollte man im Zweifelsfall besser fünf Minuten mehr investieren. Auch mental muss sich das Pferd erst „aufwärmen" und braucht eine gewisse Zeit, um sich ganz auf seinen Trainer einstellen und konzentrieren zu können.

werden. Anderenfalls provoziert man Ignoranz, Abwehr oder Abstumpfung. Ganz falsch wäre es also, ein träges Pferd durch ständig klopfende Schenkel, krampfhaftes Kreuzanspannen oder überzogenen Gerten- oder Sporeneinsatz antreiben zu wollen. Das Pferd würde sich verspannen und „zumachen". Alle Anstrengungen verliefen nicht nur im Sande, sondern würden überdies Frustration bei Reiter und Pferd bewirken. Leistungssteigerung kann

Mit der eigentlichen Arbeit darf erst dann begonnen werden, wenn sich das Pferd locker und frei im Takt bewegt, Genick und Halsansatz entspannt und sich problemlos biegen und wenden lässt. Ziel der sogenannten Lösungsphase ist es, das Aufwärmen, Entspannen und Loslassen des Rückens zu erreichen. Erst dann kann das Pferd sein Bewegungspotenzial voll nutzen. Die Losgelassenheit ist dann erzielt, wenn das Pferd in allen drei Gangarten gleichmäßig und mühelos vorwärts geht, den gelösten Rücken schwingt, Kopf und Hals entspannt fallen lässt und durch Kaubewegungen Anlehnung sucht.

Nur dann ist es in der Lage, Hilfen durchzulassen und weiterreichende Anforderungen zu erfüllen.

Wie sich Pferde am besten lösen und wie lange sie dazu brauchen, ist individuell sehr verschieden und hängt sowohl vom Ausbildungsstand als auch von der Grundkondition ab. Einige sind schon nach wenigen Minuten gelöst, andere benötigen eine halbe Stunde. Erlaubt ist alles, was effektiv locker und wach macht, aber nicht vorzeitig ermüdet. So ist für konditionsschwache Pferde ausgedehntes Vorwärtsabwärts-Traben nicht die Ideallösung, weil sie dann keine Kraft mehr für

In der Lösungsphase wird prinzipiell leichtgetrabt.

die eigentliche Leistung haben. Viele triebige Pferde lassen sich durch kurzzeitig zügiges Galoppieren im Entlastungssitz oder rasche Tempowechsel besser lösen als durch Schrittübungen, die sie schnell langweilen. Wieder andere vertragen kein Tempo beim Lösen und werden durch konzentrierte Gymnastik lockerer. Manche Pferde sind allerdings so verspannt, dass sie sich gar nicht durch Bewegung lösen können, sondern zunächst die Hilfe eines Physiotherapeuten, Chiropraktikers oder Osteopathen benötigen, um eventuell vorhandene Bewegungsblockaden zu beheben.

Eine Steigerung der Leistung kann nur erreicht werden, wenn Körper und Kopf trainiert werden.

Kein Kaltstart für Reiter!

Wer steif in den Sattel steigt, kann nicht locker und entspannt den Bewegungen des Pferdes folgen, sondern behindert es in seiner natürlichen Bewegungsfreiheit. Das Pferd kann sich nicht lösen, sondern kämpft durch Festhalten oder Wegdrücken des Rückens gegen das ungelenke Reitergewicht an. Der Reiter reagiert mit mehr Druck, das Pferd wiederum mit Gegendruck – ein Teufelskreis, bei dem Lauffreude gar nicht erst aufkommen kann und jede weitere Arbeit sinnlos wird. Deshalb ist es von großer Wichtigkeit, dass sich auch der Reiter vor dem Training ausreichend warm macht, damit er geschmeidig einsitzen und rhythmisch mitgehen kann. Grundsätzlich sollte so lange leichtgetrabt werden, bis das Pferd völlig gelöst ist. Erst dann darf ausgesessen werden.

4. Schritt für Schritt konditionieren

In der anschließenden Arbeitsphase soll das Pferd mittels ausgesuchter Trainingsinhalte gefordert und gefördert werden. Die Anforderungen dürfen allerdings nur allmählich gesteigert werden. Um das individuell absolute Leistungsvermögen zu erzielen, braucht es vor allem Zeit und regelmäßiges, konsequentes Training. Wer zu schnell zu viel verlangt und dabei immer wieder die Grenzen der Belastbarkeit überschreitet, erreicht keinerlei Leistungssteigerung, weil das Pferd physisch und psychisch überfordert ist. Kondition

Für ein wirkungsvolles Training muss das Pferd abwechselnd versammelt und in entspannter Haltung geritten werden.

kann nur schrittweise und in Kooperation mit dem Pferd aufgebaut werden. Leistung lässt sich nicht erzwingen.

Voraussetzung hierfür ist, dass das Pferd nicht nur körperlich, sondern auch mental „bewegt" wird. Arbeitswille entsteht nämlich zuerst im Gehirn, von wo aus die für Bewegung notwendigen Impulse an den Körper weitergeleitet werden. Gerade das triebige Pferd schaltet geistig schnell ab, wenn es mental nicht genügend angeregt wird. Abwechslungsreiche Trainingsinhalte und gezielte Konzentrationsaufgaben bewirken vermehrte Aufmerksamkeit und geistige Anstrengung, die das Pferd munter machen.

Damit es auch körperlich mehr Leistung zeigen kann, müssen mittels entsprechender Übungen Muskeln kontinuierlich gestärkt und gekräftigt, die Rückentätigkeit verbessert und die Hinterhandaktion

forciert werden. Nur auf dieser Basis sind Schwung und Tempoverstärkung überhaupt möglich.

5. Wechselspiel von Spannung und Entspannung

Das Training selbst soll im dynamischen Wechsel von Spannung und Entspannung erfolgen. Hat das Pferd also einige Übungen zufriedenstellend absolviert, wird es belohnt, indem man es kurz aus der Anstrengung entlässt und ihm so Gelegenheit gibt, seinen Körper zu entspannen und die gewonnenen Eindrücke zu verarbeiten. Steh- oder Schrittpausen in Dehnungshaltung von ein paar Minuten wirken sich sowohl körperlich durch Muskelentspannung als auch psychisch durch die

Verknüpfung von erwünschtem Verhalten und Belohnung positiv aus. Werden dem Pferd dagegen während der gesamten Arbeitsphase konstant gleichbleibende Leistungen abverlangt, wird es physisch und mental überlastet und verspannt sich unweigerlich.

Die Arbeitsphase sollte rechtzeitig beendet werden, noch bevor das Pferd körperlich erschöpft und geistig ermüdet ist. Zwecks weiterer Motivationssteigerung sollte jede Trainingseinheit mit einer gelungenen Lektion und entsprechendem Lob abgeschlossen werden.

Die Bedeutung der abschließenden Entspannungsphase wird häufig unterschätzt, ist aber genauso wichtig wie die Aufwärmphase zu Beginn des Trainings. Für die Abwärmphase sollte man sich deshalb wenigstens zehn bis fünfzehn Minuten Zeit nehmen, damit sich Atmung und Puls allmählich beruhigen sowie die stark durchblutete Muskulatur nach und nach abkühlen und sich auf den Ruhezustand einstellen kann. Sonst begünstigt man steife und schmerzende Muskeln. Nachschwitzen ist übrigens immer ein Zeichen für eine ungenügende Abwärmphase und/oder für ein physisches sowie psychisches Ungleichgewicht während des Trainings, das stets Überbeanspruchung nach sich zieht. Auch mental muss das Pferd sich langsam von der getanen Arbeit verabschieden können. In den Stunden oder Tagen zwischen den Trainingseinheiten werden die registrierten Informationen vom Kurzzeit- in das Langzeitgedächtnis überführt und abgespeichert. Nach einigen Tagen intensiven Trainings sollte man dem Pferd unbedingt einen Ruhetag gönnen, an dem es sich erholen und neue Kraft schöpfen kann, zum Beispiel

indem es sich gemeinsam mit Artgenossen frei auf der Koppel bewegen kann, durch einen gemütlichen Spaziergang in die nähere Umgebung oder einem Schrittausritt am langen Zügel ohne Leistungsanspruch. Mit dem auch heute noch vielerorts üblichen und die Gesundheit gefährdenden Stehtag darf diese eintägige Ruhepause allerdings nicht verwechselt werden!

Pausen sind wichtig!

Vor allem phlegmatische Pferde haben häufig eine längere Reaktionszeit – sie brauchen einige Sekunden mehr, um Signale und/oder Kommandos zu verstehen und die gewünschte Reaktion zeigen zu können. Gesteht man ihnen diese Zeit nicht zu und gibt weitere Zeichen beziehungsweise Stimmhilfen, wenn das Pferd nicht prompt reagiert, ist es verwirrt und reagiert unter Umständen gar nicht mehr. Deshalb ist es oft besser, abzuwarten und durch eine bewusste Pause dem Pferd Gelegenheit zur Reaktion zu geben. Schon eine veränderte Atmung oder eine Gewichtsverlagerung können eine Absicht andeuten. Auch der Mensch profitiert von Pausen, wenn er sie bewusst zum Entspannen nutzt, durchatmet und so den Druck von sich und seinem Pferd für einen Augenblick wegnimmt.

Mit dem Möhrentrick wird der Rücken gedehnt.

Mit Spaß und Fantasie gegen Langeweile:

So wecken Sie die Lebensgeister

Damit aus einem passiven Pferd ein aktives werden kann, muss man herausfinden, welche Bewegungsformen ihm besondere Freude machen. Hierzu ist es bisweilen notwendig, festgefahrene Trainingsmuster aufzugeben, neue Bewegungsmöglichkeiten zu entdecken oder gewohnte kreativ aufzupeppen, zu erweitern oder sinnvoll zu ergänzen. Es gibt sicherlich viele Ideen, wie man den herkömmlichen Trainingsalltag aufpolieren und interessanter gestalten kann. Einige Anregungen sollen helfen, zusammen mit seinem Pferd innovative Wege zu beschreiten und es auf eine völlig andere Weise kennenzulernen.

Im Rahmen dieses Buches können keine ausführlichen Anleitungen für die einzelnen Trainingsvorschläge gegeben werden. Wer Genaueres über bestimmte Trainingswege erfahren möchte, findet entsprechende Informationen in weiterführender Fachliteratur und/oder lässt sich unter kompetenter Anleitung schulen.

Freiwillige Mobilisierung

Spezielle Massagetechniken und Dehnungsübungen helfen dem Pferd, lockerer und geschmeidiger zu werden, und fördern so den Arbeitswillen. Viele träge Pferde, die von dem Alltagseinerlei gelangweilt sind, präsentieren sich ohne feste Verbindung zum Trainer wesentlich agiler.

Durch eine klopfende Massage mit der hohlen Hand entspannt sich die Kruppenmuskulatur.

Massieren und Gymnastizieren

Sanfte Entspannungsmassage und einfache gymnastische Übungen, die jeder Pferdebesitzer selbst durchführen kann, lösen beziehungsweise beugen Verspannungen beim Pferd vor, dehnen und

kräftigen Muskeln und fördern die Durchblutung. Massage und Gymnastik können zwar keine Bewegung ersetzen, helfen aber steifen und ungelenken Pferden, beweglicher und biegsamer zu werden. Wichtig ist, dass alle Anwendungen dem Pferd angenehm sein müssen.

Massage kann zwischendurch, circa zehn Minuten vor oder etwa eine Stunde nach dem Training angewendet werden. Für Gymnastikübungen muss das Pferd unbedingt ausreichend aufgewärmt sein. Regelmäßiges und richtiges Massieren und Gymnastizieren kommt jedem Pferd gleich welchen Alters zugute, mit Ausnahme von Pferden, die unter krankhaften Veränderungen der Muskeln oder Gelenke leiden. Jegliche Unmutsäußerungen deuten auf Unwohlsein oder Schmerz hin. Dann sollte man sofort abbrechen oder zumindest den jeweiligen Körperteil oder die Muskelpartie aussparen. Therapeutische Massagen und das Lösen von schweren Bewegungsblockaden sind den entsprechenden Fachleuten vorbehalten.

• Streichmassage

Diese Massageart führen Sie mit der ganzen Handfläche und immer in Fellrichtung aus. Handstreichungen können an allen Körperteilen ausgeübt werden, indem Sie mit leichtem Druck und beiden Händen überlappend die Muskelpartien von Hals, Schulter, Brust, Oberarm, Rücken, Kruppe und Oberschenkel ausstreichen. Die Streichmassage wirkt entspannend und sollte am Anfang und am Ende jeder Form von Massage stehen.

• Klopfmassage

Wölben Sie Ihre Hände zu einer Hohlform und klopfen Sie rhythmisch und vorsichtig dosierend die großen Muskelgruppen von Hals, Schulter, Oberarm, Kruppe und Oberschenkel ab. Die Klopfmassage lockert verspannte Muskulatur.

• Druckmassage

Bei dieser Massagetechnik kneten Sie mit den Fingerknöcheln der fast geschlossenen Fäuste oder mit den Handballen die stark bemuskelten Körperstellen von Schulter, Brust, Oberarm, Kruppe und Oberschenkel behutsam durch. Die Druckmassage führt zu einer besseren Durchblutung und Sauerstoffversorgung des Muskelgewebes.

• Hals nach unten strecken

Zeigen Sie Ihrem Pferd den Weg in die Tiefe, indem Sie es mit einer Möhre zentimeterweise zwischen den Vorderbeinen hindurchlocken, bis das Maul knapp hinter dem Unterarm ist. Diese Übung, die etwa zwei- bis viermal wiederholt wird, löst und kräftigt die Hals- und Rumpfmuskulatur und wölbt den Rücken auf.

• Beine nach vorn und nach hinten heben

Stellen Sie sich vor das Pferd, umfassen Sie das Karpalgelenk und heben Sie abwechselnd beide Vorderbeine vorsichtig nach vorn, wobei Sie das nach unten abgewinkelte Bein am Fesselgelenk abstützen. Dann stellen Sie sich seitlich hinter das Pferd und heben nacheinander die Hinterbeine langsam, gerade und nicht zu hoch nach hinten (der „Knick" im Sprunggelenk bleibt). Verharren Sie jeweils etwa fünf Sekunden. Sobald das Pferd die Balance verliert, müssen Sie schnell loslassen. Deshalb niemals die Finger ineinander verschränken! Diese Übungen dehnen Muskeln und Sehnen, verbessern Gleichgewicht und Durchblutung. Wichtig: Das Pferd darf den Rücken nicht verspannt durchdrücken, sondern soll Kopf und Hals fallen lassen und so den Rücken entlasten.

• Schweifrübe dehnen

Diese Übung funktioniert nur bei Pferden, die ihre Schweifrübe nicht einklemmen.

> **!**
> **Nur bei niedriger Hals-/Kopfposition entspannt das Pferd den Rücken.**

Gymnastizierende Effekte durch Zirzensik?

Ausgesuchte Zirkuslektionen wie das Kompliment, der Spanische Schritt oder der Podestaufstieg gymnastizieren Pferde nur, wenn sie zuvor aufgewärmt und in einem wochenlangen Prozess schrittweise an die extremen Dehn- und Kraftakte gewöhnt werden. Sonst drohen Verspannungen, Überdehnungen, Zerrungen und Gelenkentzündungen. Zirzensische Lektionen schaden dem Pferd, wenn sie nicht sachgerecht ausgeführt oder unter Zwang beigebracht werden oder das völlig untrainierte Pferd überfordert ist. Tabu ist Zirzensik auch für Pferde mit gravierenden Exterieurmängeln, Lahmheiten, Arthrosen und Rückenproblemen.

Sinnvoll sind Zirkuslektionen also nur, wenn sie unter regelmäßiger, fachkundiger Anleitung systematisch einstudiert werden. Dann können die ungewöhnlichen Bewegungen zu einem verbesserten Körpergefühl des Pferdes führen und das kooperative Miteinander zwischen Pferd und Mensch fördern. Insbesondere die sogenannten Barockpferderassen, aber auch viele Ponys haben oft Freude an Zirkusarbeit und werden dadurch wacher und elastischer.

Hierzu stellen Sie sich dicht hinter das Pferd, sodass Sie nicht getreten werden können. Dann umfassen Sie die Schweifrübe mit beiden Händen am oberen Ende, massieren etwas, ziehen gefühlvoll und langsam daran und lassen wieder los. Wiederholen Sie die Übung bis zu fünf Mal und variieren Sie Stärke und Dauer des Zugs je nach Reaktion des Pferdes. Durch den Wechsel von Zug und Loslassen spannt und entspannt sich die Hinterhandmuskulatur. Außerdem wird die Wirbelsäule gestreckt.

Mehr Aktion im Freilauf

Unter Freilauf versteht man eine kontrollierte Arbeit in der Reitbahn oder im Round Pen, die eine willkommene Abwechslung für das Reitpferd darstellt und selbst triebige Pferde zu mehr Lauffreude animiert. Außerdem ist der Freilauf eine gute Möglichkeit, seine Rangposition zu klären beziehungsweise zu festigen. Nicht geeignet ist diese Bewegungsalternative für extrem übergewichtige Pferde oder solche mit Erkrankungen des Bewegungsapparates.

Als Ausrüstung benötigt man lediglich eine Longierpeitsche. Der Führstrick wird ausgehakt, das Halfter sollte das Pferd jedoch anbehalten. Das erleichtert die Handhabung beim Einfangen. Beschlagene Pferde sollten sicherheitshalber zusätzlich mit Gamaschen zum Schutz der Beine ausgerüstet werden.

Da sich schwerfällige Pferde erfahrungsgemäß im Freien besser motivieren lassen als in geschlossenen Hallen, sollte man nach Möglichkeit einen sicher eingezäunten Reitplatz, Auslauf oder ein Round Pen nutzen. Große Hallen oder weitläufige Außenplätze haben jedoch den Nachteil, dass sich die Pferde leicht in den Ecken „verkriechen" können oder immer wieder zum Ausgang laufen und dort einfach stehen bleiben. Ein konzentriertes Arbeiten ist dann aufgrund der weiten Laufwege nicht zu realisieren. In diesem Fall ist es klüger, innerhalb des umschlossenen Raumes oder Platzes eine provisorische Kreisbahn von etwa 15 Metern Durchmesser abzustecken, indem man Flatterband mit Hindernisständern oder Elektrozaunstäben verbindet.

Das Training im Freilauf soll also nicht nur simples „Laufenlassen" sein, sondern eine disziplinierte Trainingseinheit. Hierzu muss das Pferd ausgewogen und auf beiden Händen, in allen drei Gangarten und verschiedenen Tempi gearbeitet werden, wobei es niemals länger als ein bis zwei Runden in der gleichen Gangart laufen soll, damit es wach bleibt und freudig mitarbeitet.

Vor der eigentlichen Arbeit im Freilauf muss das Pferd unbedingt mindestens zehn Minuten warm geführt werden. Hat man dann den Führstrick ausgehakt, lässt man dem Pferd Zeit, sich zu lösen, indem es nach eigenem Gutdünken umhergeht, schnuppert und sich vielleicht sogar wälzt. Das ist eine gute Ganzkörpermassage, die das Lösen unterstützt.

Sobald die Lösungsphase abgeschlossen ist, beginnen Sie mit der Treibphase, indem Sie sich in einem angemessenen Sicherheitsabstand seitlich hinter das Pferd begeben und es mithilfe von Longierpeitsche und Kommandos in Gang setzen. Halten Sie die Treibposition, indem Sie seitwärts leicht mitlaufen, und achten Sie darauf, dass das Pferd den ganzen Platz des Vierecks oder Zirkels nutzt. Je nach Gangart

In einem provisorischen Round Pen kann man das Pferd mühelos antreiben.

geben Sie die entsprechenden Stimmhilfen. Schreien Sie es aber bitte nicht an und knallen Sie nicht mit der Peitsche, sondern geben Sie energische Kommandos und touchieren Sie – wenn nötig – die Hinterhand mit dem Peitschenschlag. Lassen Sie Ihr Pferd aber nicht selbstständig die Gangart wechseln oder in ein anderes Tempo hineinlaufen, sondern geben Sie konkrete und eindeutige Hilfen, die entsprechend aufmunternd oder beruhigend betont werden – je nachdem, ob Sie Ihr Pferd beschleunigen oder bremsen wollen.

Für die regelmäßigen Richtungswechsel parieren Sie Ihr Pferd zunächst in den Schritt durch und treten dann vor das Pferd, indem Sie ihm sozusagen mithilfe der Longierpeitsche den Weg abschneiden. Dann schicken Sie es durch eine einfache Wendung auf der Hinterhand in die andere Richtung.

Arbeiten Sie auf einem Viereck, sollten Sie Ihr Pferd nie in der Ecke stoppen. Denn dann besteht die Gefahr, dass es sich darin „vergräbt" und nach der treibenden Peitsche auskeilt. Wenden Sie es deshalb stets schon etwa auf der Mitte der langen Geraden.

Um die Beine des Pferdes nicht zu überlasten und Verletzungen durch Ermüdung zu riskieren, sollte die Treibphase 15 bis 20 Minuten nicht überschreiten.

Motivation durch Springgymnastik

Das freie Springen über niedrige Hindernisse stärkt das Selbstvertrauen des Pferdes und fördert Rhythmusgefühl sowie Sprungsicherheit. Beim Springen ohne Reitergewicht können Pferde zudem Hals und Rücken ungehindert runden und die Hinterhandmuskulatur kräftigen.

Durch Gymnastiksprünge kommen antriebsschwache Pferde in Schwung.

Diese Art von Freispringen ist eine ideale Ergänzung für die Arbeit im Freilauf, die man während der Treibphase durchführt, wenn das Pferd bereits gelöst, aber noch nicht müde ist. Aus Platzgründen kann diese Springgymnastik aber nur in einem Viereck (mindestens 20 x 40 Meter) stattfinden. Arbeitet man auf einem Außenplatz, muss dieser sicher und hoch genug eingezäunt sein. Die Hindernisse können aus Sprungständern und Stangen oder aufgestellten Cavaletti bestehen, die man auf einer der langen Geraden errichtet und mittels Fängen an der offenen Seite abgrenzt, um ein seitliches Ausbrechen des Pferdes zu verhindern. Die Höhe der Hindernisse sollte für Ponys und Kleinpferde 60 Zentimeter und für Großpferde einen Meter nicht überschreiten. Denn bei dieser Art von Freispringen geht es nicht darum, hohe Hürden zu überwinden, sondern um die gymnastizierende und dadurch bewegungsfördernde Wirkung. Man beginnt mit dem Überspringen eines Einzelhindernisses und steigert die Anzahl der Hindernisse schrittweise von Woche zu Woche auf maximal vier hintereinander. Die Abstände zwischen den Hindernissen betragen je nach Pferdegröße 6 bis 7,50 Meter, wobei man mit dem niedrigsten als Einsprung beginnt und mit dem höchsten als Aussprung endet. Ziel ist es, dass das Pferd diese Sprungbahn flüssig und willig durchläuft. Niemals darf das Pferd unter Zwang hindurchgejagt werden!

Zum Springen wird das Pferd mittels Halfter und einem kurzen Strick, der nicht eingehakt, sondern nur durch den unteren Ring gezogen wird, an die Sprungbahn herangeführt. Dann löst man den Strick durch einfaches Herausziehen und schickt das Pferd in die Sprungbahn. Ein, besser zwei Helfer stehen bereit, die dem Pferd mit Longierpeitschen den Weg weisen und es vorsichtig zum Springen auffordern. Am Ende der Sprungbahn wartet ein dritter Helfer, der das Pferd in Empfang nimmt und belohnt.

Auch beim Freispringen darf das Pferd nicht überfordert werden. Je nach

Bodenhindernisse sind ideale Muntermacher.

Ausbildungsstand und Kondition sollten nicht mehr als zwei oder drei Durchgänge innerhalb einer Trainingseinheit absolviert werden.

An der Hand in Gang setzen

Mithilfe von Führstrick, Longe und Langzügel eröffnen sich vielfältige Möglichkeiten, sein Pferd beweglicher und aufmerksamer zu machen. Richtig praktizierte Bodenarbeit ist eine erfrischende Abwechslung, die die Arbeit unter dem Sattel hervorragend ergänzt, indem sie beim Aufwärmen und Lösen hilft und durch Training von Kopf und Körper zu mehr Konzentration und Kondition führt.

Fit führen

Ernsthafte Führarbeit bedeutet keineswegs, dass das Pferd gelangweilt neben dem Menschen herlatschen darf. Vielmehr soll es durch gezielte Führübungen, die sich gleichermaßen als Ausgleich oder Vorbereitung für das Reiten eignen, psychisch wie physisch gymnastiziert werden. Durch Führen kann jedes Pferd abwechslungsreich aufgewärmt und gelöst oder zwischendurch sinnvoll trainiert werden.

Das Pferd wird mit einem stabilen, gut sitzenden Halfter und einem langen Führstrick mit Karabinerhaken ausgerüstet. Besser als normale Stallhalfter sind allerdings rund genähte Knotenhalfter, die eine gezieltere Einwirkung ermöglichen. Eine Führkette ist beim trägen Pferd in der Regel nicht erforderlich. Für die

*Durch die Vorhand-
wendung wird das
Pferd geschmeidiger.*

Versuchen Sie nicht, Ihr Pferd vorwärts zu ziehen, sondern schauen Sie nach vorn, geben die von Ihnen gewählte Stimmhilfe und treiben Sie es an, indem Sie mit der Gerte die Hinterhand touchieren. Zum Anhalten nehmen Sie den Führstrick auf, geben Ihr Kommando und halten Ihrem Pferd den Gertenknauf bremsend vor die Nase.

Während des Führtrainings sollte das Pferd auch einige Male rückwärts gerichtet werden, sofern es keine Rückenprobleme hat. Beim Rückwärtsgehen muss es mit der Hinterhand untertreten und vermehrt Gewicht aufnehmen, was die Muskulatur von Kruppe und Hinterbeinen kräftigt. Hierzu stellen Sie sich seitlich vor das Pferd, zupfen am Führseil, geben gleichzeitig die entsprechende Stimmhilfe und tippen mit dem Gertenknauf an seine Brust. Anfangs genügt es, wenn das Pferd einen Schritt zurückweicht. Später sollte es jedoch mindestens drei Schritte bis maximal drei Pferdelängen rückwärts gehen können. Damit es nicht seitlich ausweicht, nehmen Sie die Bande oder Einfriedung als Begrenzung zu Hilfe. Klappt das Rückwärtsrichten, können Sie auch das Antreten und Antraben aus der Rückwärtsbewegung üben. So entsteht eine Art Schaukelbewegung, die einen besonders motivierenden Effekt hat.

Auch Biegungen, Wendungen und Seitengänge lassen sich in das Führtraining einbauen, wenn Ihr Pferd entsprechend ausgebildet ist. Laufen Sie mit Ihrem Pferd mehrmals auf dem Zirkel links- und rechtsherum oder lassen Sie es am langen Strick Volten im Schritt und in beiden Richtungen jeweils zwei bis drei Runden um Sie herumtreten. Das Pferd soll dabei fleißig vorwärts gehen und sich

Führarbeit sollte man immer Handschuhe tragen und eine lange Dressurgerte verwenden.

Schon mit den Grundübungen des Führens, zu denen das Antreten, das Mitlaufen im Schritt und Trab und das Anhalten gehören, kann man das Pferd vielseitig an der Hand arbeiten: Laufen Sie mit Ihrem Pferd am leicht durchhängenden Führseil auf geraden und gebogenen Linien im Schritt und Trab kreuz und quer durch die Halle oder über den Platz. Lassen Sie es zwischendurch immer wieder anhalten und führen Sie häufige Hand- und Tempowechsel durch, indem Sie den Schritt und den Trab mal verstärken und mal verlangsamen.

biegen. Hierzu tippen Sie es mit der Gerte an der Stelle an, wo beim Reiten der Schenkel liegt. Diese Übung trainiert die Muskulatur von Hals, Rücken, Bauch sowie Hinterhand, weil der innere Hinterhuf stärker untertreten muss.

Bei der Vorhandwendung dreht sich das Pferd mit der Hinterhand um die Vorhand. Für diese 180-Grad-Wendung wechseln Sie Strick und Gerte in die jeweils andere Hand, setzen den kürzer genommenen Führstrick leicht unter Spannung und touchieren unter Einsatz der Stimme Ihr Pferd am inneren Oberschenkel beziehungsweise Sprunggelenk.

Lassen Sie Ihr Pferd jeweils ein- bis zweimal nach rechts und nach links wenden. Durch das Kreuzen der Hinterbeine wird die Hinterhand gelöst und die Beweglichkeit gefördert.

Das seitliche Übertretenlassen gymnastiziert Vor- und Hinterhand gleichermaßen. Hierzu halten Sie Strick und Gerte wie bei der Vorhandwendung, drehen die Vorhand Ihres Pferdes auf den zweiten Hufschlag in die Bahn und lassen es auf zwei Hufschlägen seitwärts weichen, indem Sie mit der Gerte leicht seinen Rumpf antippen. Üben Sie jeweils zweimal in beide Richtungen.

An Hügeln kann man das Pferd prima trainieren.

Spaziergänge mit Pep

Nutzen Sie Ausflüge an der Hand bewusst, um Ihr Pferd zu wecken und zu trainieren. Viele Führübungen lassen sich genauso oder sogar besser – weil anregender – in der freien Natur durchführen: So kann man Bäume umkreisen; leicht abschüssige Wiesen bieten Gelegenheit für ein Rückwärtsrichten am Hang, und per Vorhandwendung kann auch im Gelände die Richtung gewechselt werden. Ferner kann man punktgenaues Antreten und Anhalten an Büschen oder Seitengänge entlang einer Hecke trainieren. Außerdem sollten alle sich bietenden Anlässe wahrgenommen werden, die das Pferd mental fordern, zum Beispiel die genaue Begutachtung einer neu aufgestellten Bank oder der Silageballen am Wegesrand.

Wacher durch Bodenhindernisse

Bodenhindernisse aller Art bereichern das Führprogramm und gestalten es bunter. Das Treten über, durch oder um Bodenhindernisse fördert Aufmerksamkeit, Koordination und Geschmeidigkeit, schult Gleichgewichtssinn und Trittsicherheit.

Lenken Sie Ihr Pferd mittels Schlangenlinien um Pylone, Hindernisständer, Strohballen oder Tonnen herum. Solche Biegungen lockern und ertüchtigen die Muskulatur an beiden Körperseiten.

Für den Stangenstern legen Sie vier bis sechs Stangen fächerförmig in einen Viertelkreis, wobei die äußeren Abstände circa 70 Zentimeter betragen sollen. Führen Sie Ihr Pferd im Schritt abwechselnd nahe der Sternmitte und weiter außen auf beiden Händen über die Stangen. Weil es sich in der Sternmitte mehr biegen muss, wird hier vor allem die Rumpfmuskulatur gestärkt, Balance und Bewegungskoordination verbessert. Weiter außen werden insbesondere raumgreifende Schritte trainiert.

Stellen Sie fünf Cavaletti in einer geraden Reihe hintereinander in unregelmäßigen Abständen von 60 bis 100 Zentimetern (Maße für ein Großpferd) und ungleichen Höhen von 15 beziehungsweise 25 Zentimetern (= untere und mittlere Position der Cavaletti) auf. Beim Überqueren im Schritt muss das Pferd seine Beine unterschiedlich hoch anheben und zwischen den Cavaletti unterschiedlich große Schritte machen. Dadurch werden alle für den Bewegungsablauf wichtigen Muskeln beansprucht und das Pferd zur vollen Konzentration veranlasst, was es wacher macht. Um die Cavaletti genau zu taxieren, muss das Pferd seinen Kopf senken und entspannt die Rückenmuskulatur.

Legt man mehrere Stangen mit Abstand nebeneinander, entsteht eine Gasse, durch die Sie Ihr Pferd zunächst vorwärts, später auch rückwärts hindurchführen können. Stangengassen in L- oder U-Form trainieren die Wendigkeit des Pferdes, weil es sich um 90 Grad biegen muss.

Vier Stangen zu einem Viereck verbunden, deren Enden sich kreuzen, ergeben ebenfalls unterschiedliche Tritthöhen, die das Pferd lehren, vermehrt auf seine Schritte zu achten.

Schließlich können Sie Ihr Pferd auch vorwärts, rückwärts oder seitwärts über nur eine Stange treten lassen oder mit ihm zusammen im Trab über ein aufgestelltes

Treten über Stangen schult die Huf-Augen-Koordination.

Cavaletto (30 Zentimeter hoch) springen. Den Führstrick müssen Sie dafür lang genug lassen, um ihm ausreichend Freiheit für den eigenen Absprung zu geben.

Zusätzliche Anreize bieten ungewöhnliche Untergründe wie eine knisternde Plastikplane, eine stabile Pressspanplatte oder eine schwankende Wippe sowie Aufgaben aus dem Anti-Scheutraining beziehungsweise der Gelassenheitsprüfung (GHP) wie das Aufspannen eines Regenschirms, das Durchlaufen eines Flattervorhangs, das Hinterherziehen eines Rappelsacks, aufsteigende Luftballons oder hervorrollende Bälle aus einem Strohstapel. Das sind alles Übungen, die in der Regel dazu dienen, schreckhafte Pferde zu kurieren, sie an außergewöhnliche Situationen zu gewöhnen und/oder die Nervenstärke des Pferdes zu testen. Im Fall des sehr gelassenen Pferdes fungieren sie jedoch eher als Muntermacher, obwohl auch ein nervenstarkes Pferd vorsichtig und schrittweise an ihm noch fremde Gegenstände oder

Bodenverhältnisse herangeführt werden muss. Wenn nämlich ein sonst ruhiges Pferd überraschend scheut, kann das sehr unangenehm werden, weil man völlig unvorbereitet ist – vor allem wenn es sich um ein kalibriges Exemplar mit großer Kraft und viel Masse handelt! Für alle Arten von Bodenhindernissen gilt daher, dass man den Schwierigkeitsgrad allmählich steigert und jedes Hindernis höchstens zwei- bis dreimal während einer Übungseinheit wiederholt. Kann das Pferd einzelne Aufgaben sicher bewältigen, können diese auch miteinander zu einem Geschicklichkeitsparcours verbunden werden.

Vorwärts-abwärts an der Longe

Die korrekte Arbeit an der Longe ist für das Reitpferd eine lösende und die Muskeln stärkende Gymnastik. Vor allem Hals-, Rücken- und Bauchmuskulatur werden durch die angestrebte Dehnungshaltung mit schwingendem Rücken und aktiv untertretender Hinterhand aufgebaut und ertüchtigt und befähigen das Pferd, seinen Reiter auf Dauer ohne Schaden oder vorzeitigen Verschleiß zu tragen. Deshalb ist das Longentraining auch für schwach bemuskelte Pferde eine gute Bewegungsart. Nicht geeignet ist das Longieren für sehr dicke Pferde und solche mit Erkrankungen des Bewegungsapparates.

Als Ausrüstung benötigt man eine Longe, eine lange Longierpeitsche und Handschuhe. Das Pferd wird je nach Ausbildungsstand mit einem Kappzaum oder Trensenzäumung ohne Zügel ausgerüstet. Arbeitet man mit Hilfszügeln, ist zusätzlich ein Longiergurt erforderlich. Hilfszügel können dem Pferd helfen, seine Selbsthaltung zu finden, vermeiden, dass das Pferd über die Schulter nach außen drängt, und weisen ihm den Weg in die Tiefe, wenn diese korrekt und lang genug verschnallt werden. Infrage kommen Ausbinde-, Dreiecks- und Laufferzügel. Gamaschen oder Bandagen schützen die Pferdebeine vor Verletzungen.

Der Longierplatz sollte einen Durchmesser von 12 bis 16 Metern haben, der Boden weich und nicht zu tief sein. Am Anfang ist oft eine äußere Begrenzung, die dem Pferd Anlehnung gibt, hilfreich. Notfalls kann man diese aus Fängen oder Pylonen selbst errichten, wenn keine Longierhalle oder eingefriedeter Longierzirkel zur Verfügung steht. Wie im Freilauf gehen die meisten Pferde an der Longe im Außenbereich frischer vorwärts als in Hallen.

Beim Longieren arbeiten Sie mit der Stimme, der Peitsche und der Longe. Zum Antreiben geben Sie mit der Longe

Durch das Hinterherschleifen eines Rappelsacks werden die Sinneswahrnehmungen stimuliert.

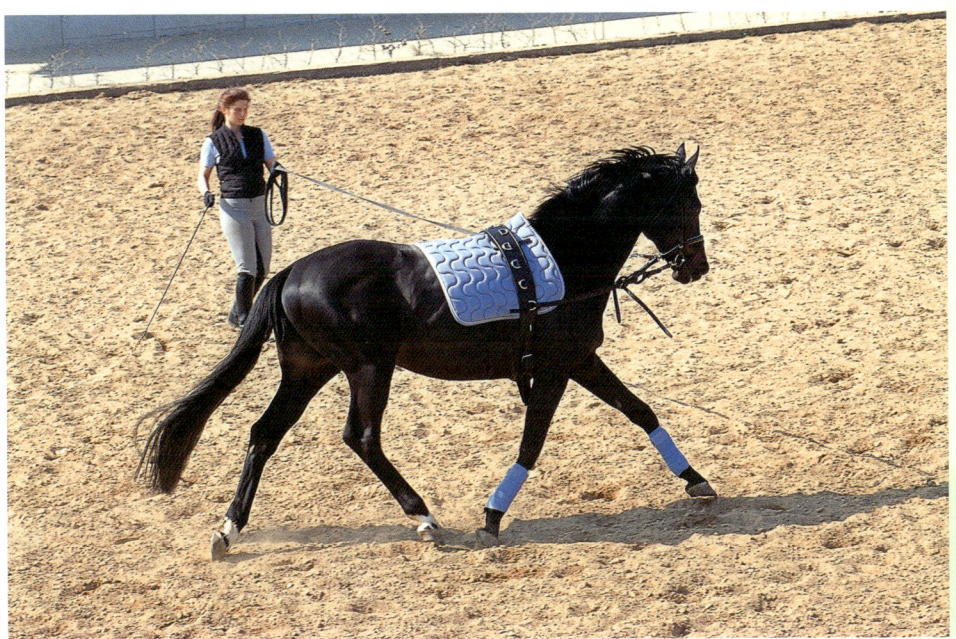

Longieren Sie Ihr Pferd so, dass Sie es mit dem Peitschenschlag jederzeit erreichen können.

nach, bewegen sich in Richtung Kruppe, senken die auf die Hinterbeine gerichtete Peitsche und geben das gewählte Stimmkommando. Setzen Sie die Peitschenhilfe gezielt, aber dosiert ein. Ständiger Peitscheneinsatz stumpft das Pferd nur ab. Für eine effektive Treibhilfe muss der Peitschenschlag so lang sein, dass Sie – falls nötig – die Hinterbeine Ihres Pferdes erreichen und touchieren können. Bleiben Sie nicht starr in der Zirkelmitte stehen, sondern setzen Sie anfangs deutlich Ihre Körpersprache ein, indem Sie innen einen Kreis etwa in der Größe einer kleinen Volte mitlaufen. Läuft das Pferd in der gewünschten Gangart und dem richtigen Tempo, verlagern Sie Ihre Position etwa auf Schulterhöhe des Pferdes und stellen die treibenden Hilfen ein. Im Laufe der Zeit sollten die körpersprachlichen Signale immer weiter zurücktreten, bis schließlich Stimm- und Peitschenhilfe ausreichen, um das Pferd von der Zirkelmitte

aus anzutreiben. Die Longe sollte dabei weder stramm angespannt sein noch durchhängen, sondern stets in leichter Anlehnung Führung übernehmen.

Damit die Arbeit auf dem Zirkel das Pferd nicht einseitig belastet, sollten circa alle fünf Minuten Handwechsel durchgeführt werden. Hierzu halten Sie Ihr Pferd auf der Zirkellinie an, indem Sie die Longe annehmen, die entsprechende Stimmhilfe geben und die Peitsche heben. Klemmen Sie die Peitsche unter den Longierarm und gehen Sie auf das Pferd zu. Dann führen Sie es in die Zirkelmitte, wo Sie eventuell vorhandene Hilfszügel umschnallen, und schicken es anschließend auf der anderen Hand wieder auf die Zirkellinie zurück.

Auch beim Longieren kommt es darauf an, das Pferd durch ständig neue Aufgaben wacher und flotter zu machen. Lassen Sie Ihr Pferd nie länger als ein oder zwei Runden dasselbe machen, sondern beschäftigen Sie es mit häufigen Gangarten- und

Tempowechseln. Das Beschleunigen und Bremsen zwingt das Pferd, seine Hinterhand einzusetzen. Variieren Sie auch die Zirkelgröße, indem Sie die Zirkel abwechselnd vergrößern und verkleinern. Engere Zirkel verlangen mehr Hinterhandaktivität, größere dienen zur Erholung oder für Tempoverstärkungen.

Ziel der Longenarbeit ist, dass das Pferd taktrein und fleißig in gewünschter Dehnungshaltung vorwärts geht, in der Lage ist, sich in allen Gangarten und Tempi auf der Kreisbahn auszubalancieren, dabei untertritt und den Rücken wölbt. Insgesamt sollte das Longentraining 20 bis 30 Minuten nicht überschreiten.

Mehr Raumgriff durch Trabstangen

Das Longieren über Cavaletti macht das Pferd aufmerksamer, fördert Schwung, Ausdruck und die angestrebte Dehnungshaltung. Man beginnt mit einem Cavaletto und steigert die Anzahl allmählich auf maximal vier, die fächerartig auf die Kreislinie gelegt werden. Höhen und Abstände müssen gleichmäßig sein, sonst gerät das Pferd aus dem Takt. Die Cavaletti liegen entweder ebenerdig oder in mittlerer Höhe auf dem Boden. Die Abstände richten sich nach der Schrittweite des Pferdes und müssen individuell angepasst werden, andernfalls verspannen sich die Muskeln, anstatt zu wachsen. Das Richtmaß für ein Großpferd im Trab auf gebogener

Linie ist 1,20 Meter, gemessen in der Stangenmitte.

Keinesfalls darf das Pferd jedoch die gesamte Trainingseinheit über Cavaletti gearbeitet werden, sondern immer nur wenige Zirkelumrundungen, insgesamt höchstens zehn- bis zwölfmal innerhalb eines Longentrainings. Deshalb longiert man am besten auf einem Viereck und legt einen zweiten Zirkel ohne Cavaletti an, auf den man wechseln kann. Hierzu laufen Sie parallel zu Ihrem Pferd auf einer geraden Linie von Zirkelmitte zu Zirkelmitte und treiben es vorwärts, indem Sie ihren Oberkörper in Richtung Pferd drehen und unter Einsatz der Stimme die Peitsche zu Hilfe nehmen.

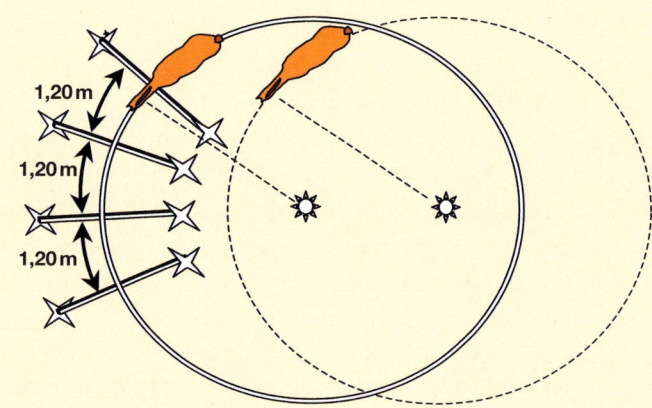

Longieren im Trab über Cavaletti und auf zweitem Zirkel

Volten um Bäume macht die Langzügelarbeit interessant.

Von hinten geführt:
Locker am Langzügel

Die Langzügelarbeit ist für jedes Pferd geeignet, das eine solide Führausbildung hat und abwechslungsreich bewegt werden soll. Die veränderte Führposition stimuliert die mentalen Funktionen und schärft die Reaktionen träger Pferde. Außerdem bereitet das Führen von hinten hervorragend auf das Einfahren vor.

Je nach Ausbildungsstand trägt das Pferd einen Kapp- oder Trensenzaum sowie einen Longiergurt. Die Langzügel werden jeweils in die seitlichen oder Trensenringe des Kopfstücks eingeklinkt und durch die seitlichen Ringe des Gurtes nach hinten geführt. Wer ein Fahrgeschirr besitzt, kann natürlich auch das Vorderzeug, Bauchgurt und Leinen benutzen. Die mit Handschuhen ausgerüstete Führperson läuft entweder in ausreichendem Sicherheitsabstand hinter dem Pferd oder seitlich dicht hinter der Kruppe, wobei sie das Pferd mittels Langzügel, Stimme und einer langen Gerte oder leichten Fahrpeitsche lenkt.

Für die erste(n) Trainingseinheit(en) ist unbedingt ein zusätzlicher Helfer erforderlich, der das Pferd vorn anführt. Dieser vergrößert dann allmählich seinen Abstand, bis das Pferd begriffen hat, dass es nun von hinten gelenkt wird. Am Anfang arbeiten Sie das Pferd am besten entlang der Hallenbande oder Reitplatzbegrenzung. Die Gerte oder Peitsche halten Sie hierbei auf der inneren Seite, um ein seitliches Ausbrechen der Hinterhand zu verhindern. Funktioniert das Lenken von hinten auf geraden Linien, kann man auch Wendungen und Seitengänge, einfache

Bahnfiguren sowie das Rückwärtsrichten einüben. Später können Sie Ihr Pferd auch über Bodenhindernisse arbeiten und/oder kleinere Ausflüge in die nähere, ungefährliche Stallumgebung unternehmen. Wie beim Führen im Gelände sollten Sie auch beim Langzügeltraining Bäume, Buschwerk und hügelige Geländeformationen für gymnastische Übungen nutzen.

Gegen den Reitbahntrott

Wer täglich in der Halle oder auf dem Platz reitet und obendrein immer dieselben Lektionen durchexerziert, fordert Triebigkeit geradezu heraus. Gerade beim dressurmäßigen Arbeiten ist die Gefahr sehr groß, das Training nach fortwährend gleichem Muster abzuspulen. Dabei gibt es eine Reihe von Möglichkeiten, der öden Reitbahn-Tristesse ein Ende zu

bereiten und das Pferd vielseitig unter dem Sattel zu bewegen. Damit angepeilter Motivationsschub und Trainingseffekt möglich werden, kommt es beim Reiten nicht zuletzt auf die entsprechenden Fertigkeiten an, vor allem auf korrekten Sitz und feine Hilfengebung.

Mehr Dynamik durch Übergänge

Wie im Freilauf und an der Hand sollten auch unter dem Sattel häufige Wechsel von Gangart und Tempo stattfinden, die das Pferd zur Aufmerksamkeit erziehen und die Gehfreude fördern.

Innerhalb der drei Grundgangarten Schritt, Trab und Galopp lassen sich verschiedene Tempi unterscheiden – zum Beispiel versammelter Trab, Arbeitstrab, Mitteltrab und starker Trab –, die sich klar voneinander unterscheiden sollen. Der Takt muss innerhalb einer Gangart unabhängig vom Tempo allerdings immer

Beim Wechsel vom versammelten Trab in den Mitteltrab verlängern sich die Tritte, während der Schwung erhalten bleibt.

gleich bleiben. Was sich ändert, ist der Raumgriff, also die Länge der Schritte (im Schritt), Tritte (im Trab) oder Sprünge (im Galopp), wobei die größtmögliche Schubkraft beim Zulegen des Tempos mehr auf die Bewegung nach vorn wirkt und beim Zurücknehmen mehr auf die Bewegung in die Höhe.

Vor allem beim starken Tempo kommt es auf einen tadellosen Sitz und korrekte Zügelführung an: Um das Pferd nicht in der Bewegung zu stören, müssen Sie den Schwung mit beweglichem Becken locker abfedern und die Rahmenerweiterung des Pferdes durch Nachgeben der Zügel ermöglichen.

Die Wechsel in eine andere Gangart oder die Tempoänderungen innerhalb derselben Gangart heißen Übergänge und sind eine wertvolle Trainingshilfe mit einer großen Variationsbreite: Übergänge innerhalb einer Gangart eignen sich ausgezeichnet, um das Pferd sensibler auf treibende und verhaltene Hilfen zu machen und die Aktivität der Hinterhand zu steigern. Der Übergang von einer in die andere Gangart fördert die Losgelassenheit des Pferdes, besonders der Wechsel zwischen Trab und Galopp in der Lösungsphase. Insgesamt sind Übergänge ideale Maßnahmen, um Takt und Geschmeidigkeit des Pferdes zu verbessern, es durchlässiger und ausbalancierter zu machen.

Bei einem höheren Ausbildungsniveau von Pferd und Reiter können auch Übergänge zum Einsatz kommen, bei denen eine oder mehrere Gangarten übersprungen werden, also beispielsweise vom Schritt zum Galopp oder vom Trab zum Halten, was Pferde spritziger macht. Eine Steigerung ist das Antraben oder Angaloppieren aus dem Rückwärtsrichten, wodurch Rücken- und Bauchmuskulatur trainiert werden, oder die sogenannte Wippe: Hierbei wechselt das Pferd mehrere Male aus dem Schritt oder Trab

Trab-Galopp-Übergänge lassen das Pferd empfänglicher für die Hilfengebung werden.

direkt ins Rückwärtsrichten, was enorme Hinterhandarbeit und einen lockeren Rücken erfordert.

Damit die Übergänge weich und fließend sind und das Pferd nicht aus dem Takt gerät, müssen Sie diese mittels halber Paraden vorbereiten, und zwar in dem Moment, wenn das jeweilige Hinterbein abfußt. Hierzu nehmen Sie abwechselnd die Zügel an und geben wieder nach, während Sie vortreibende Gewichts- und Schenkelhilfen geben.

Auch beim Reiten von Gangarten, Tempi und Übergängen muss man sich am jeweiligen Ausbildungs- und Trainingszustand des Pferdes orientieren und die Anforderungen entsprechend anpassen beziehungsweise allmählich erhöhen. Dosieren Sie das Training individuell und gönnen Sie Ihrem Pferd regelmäßige Pausen in der Dehnungshaltung. Bedenken Sie auch, dass nicht alle Pferde die gleichen Voraussetzungen in den Grundgangarten

mitbringen. Einige Rassen haben eher flachere Bewegungen, während andere von Natur aus eine hohe Hankenbeugung zeigen.

Seitwärts-Gymnastik

Durch das Reiten von Seitengängen verliert das Pferd seine „natürliche Schiefe", das heißt, es wird fähig und bereit, sich beidseitig und gleichmäßig biegen zu lassen. Das Kreuzen der Beine lockert und trainiert vor allem die Beinmuskulatur, Rumpfmuskulatur und Schultern werden geschmeidiger, Vor- und Hinterhand trainiert. Zu den Seitengängen gehören Schenkelweichen, Schulterherein, Travers und die Konterstellung Renvers sowie die Traversale, die je nach Ausbildungsstand des Pferdes und reiterlichem Können im Schritt und Trab geritten werden. Bei allen diesen Lektionen geht das mehr oder weniger längs gebogene Pferd mit der Vor- und Hinterhand auf zwei Hufschlägen vorwärts-seitwärts, wobei die Vorwärtsbewegung ebenso wichtig ist wie die Seitwärtsbewegung.

Bei den Seitengängen müssen die Hilfen perfekt aufeinander abgestimmt sein. Hände und Beine müssen unabhängig voneinander agieren, durch den Sitz des Reiters und die Verlagerung des Körpergewichts wird die Vorwärts-seitwärts-Bewegung unterstützt. Der Kontakt zum Pferdemaul soll gleichbleibend und leicht sein.

Auch die Seitengänge müssen etappenweise erarbeitet werden. Anfangs nicht mehr als zwei bis drei Schritte nach rechts und links, zwei- bis dreimal während einer Übungsstunde.

Beim Schulterherein wird das Geraderichten des Pferdes trainiert.

Mal rund, mal eckig

Um das Pferd im Viereck munter zu halten, müssen Gangarten, Tempi, Über- und Seitengänge im Wechsel stattfinden und mit geraden und runden Linien zweckmäßig kombiniert werden. Dabei sind die Grenzen zwischen Lektionen und Bahnfiguren fließend, wie zum Beispiel beim Verkleinern und Vergrößern des Vierecks mittels Schenkelweichen von der Bande zur Mittellinie und zurück. Die schnelle Folge von Lektionen und Bahnfiguren lehrt das Pferd, regelrecht auf neue Hilfen zu warten, und macht es automatisch agiler im Kopf und Körper. Während sich das Reiten oder Wechseln auf geraden Linien sehr gut für verstärkte Tempi eignet, sind gebogene Linien wie Zirkel, Volten oder Schlangenlinien ideal, um Stellung und Biegung abzufragen.

Beim Figurenreiten muss man sich aber keinesfalls zwingend an die FN-Richtlinien halten, sondern kann die Palette der Bahnfiguren erweitern, indem man sie fantasievoll abwandelt.

So ist der gymnastizierende Effekt von Schlangenlinien durch die ganze Bahn viel größer, wenn Sie diese nach der alten S-Form reiten. Denn durch den Wechsel von Stand- und Spielbein werden Losgelassenheit, Aufrichtung und Hinterhandaktivität vermehrt gefördert.

Das Reiten von Achten in Voltengröße schult Balance und Koordination gleichermaßen. Besonders effektiv ist eine Acht, bei der zwar die Hand, aber nicht die Stellung gewechselt wird, sodass das Pferd einmal nach innen und einmal nach außen gestellt ist.

Versammlung auf gebogenen Linien im Wechsel mit Verstärkungen auf der Geraden machen das Pferd agiler im Kopf und Körper.

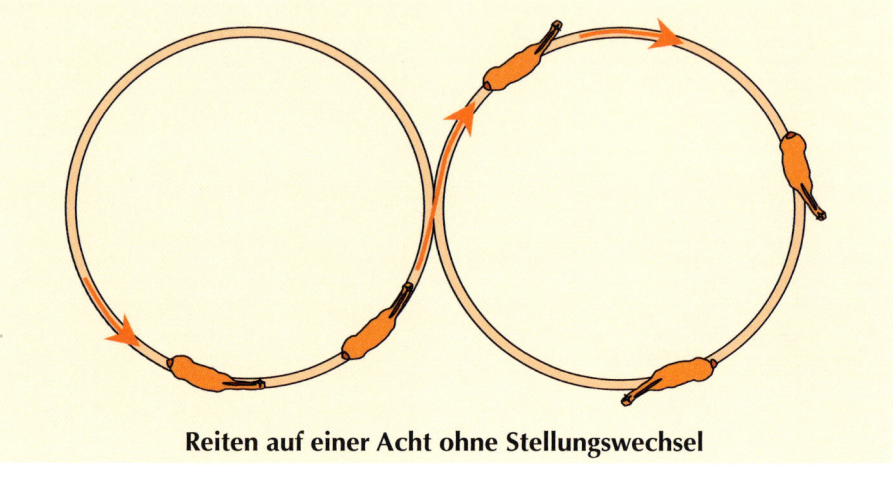

Reiten auf einer Acht ohne Stellungswechsel

Das Voltenreiten ist Gymnastik für Kopf und Körper und taugt wunderbar, um Seitengänge zu verbinden. Besser als Volten auf dem Hufschlag sind allerdings Volten auf der Mittellinie, und zwar um Pylone oder gesteckte Kunststoffpfähle zur Orientierung. Reiten Sie hierzu eine etwa acht Schritt große Volte aus dem Schulterherein und verknüpfen Sie drei weitere Volten in gleichen Abständen und Durchmessern mit Travers.

Auch das Reiten auf dem Zirkel muss nicht immer nur einfältiges Kreisdrehen sein. Durch das Zirkelverkleinern und -vergrößern lässt sich das Pferd gut biegen und gymnastizieren. Anfangs verkleinern Sie den Zirkel, indem Sie eine spiralförmige Schnecke bis zur Größe einer Volte in der Zirkelmitte reiten. Später über Sie im Travers nach innen und im Schulterherein zurück zum Hufschlag. Für diese Figur sollte man den Mittelzirkel bevorzugen, weil hier Reiter und Pferd nicht an der Bande „kleben".

Das Reiten auf geraden Linien lässt sich ebenfalls variieren, etwa durch das Arbeiten auf dem zweiten und dritten Hufschlag. Oder man übt Schritt-Trab-Galopp-Übergänge auf der halben Bahn oder einem Viertel der Bahn. Anstatt eines Zirkels können Sie auch ein Vier-, Sechs- oder Achteck reiten, wobei das Pferd nicht gebogen oder gestellt wird, sondern gerade zwischen den Zügeln bleibt. Dadurch wird in erster Linie die Schulter trainiert, das Pferd bleibt konzentriert und lernt,

Auf dem Mittelzirkel muss sich das Pferd biegen, ohne Anlehnung an der Bande zu finden.

den äußeren, begrenzenden Zügel zu akzeptieren sowie den inneren Schenkel anzunehmen. Selbst scheinbar langweilige Bahnfiguren können anregend wirken, wenn man beispielsweise eine Volte in der Ecke reitet, bevor man durch die ganze Bahn wechselt oder nach dem Wechsel durch die halbe Bahn bis zur nächsten Ecke im versammelten Außengalopp bleibt.

Erlaubt ist im Grunde alles, was das Pferd aufgeweckter macht, rundet, ausbalanciert und nicht aus dem Takt bringt. Wichtig ist, dass das Pferd gemäß seines Ausbildungs- und Konditionsniveaus gearbeitet wird und Sie ihm zwischendurch Entspannungspausen zugestehen, indem Sie die Zügel aus der Hand kauen lassen. Außerdem sollten Sie hin und wieder von einem Helfer am Boden kontrollieren lassen, ob Ihr Pferd korrekt in der Spur läuft.

Wirkt oft Wunder: Stangenarbeit

Stangentreten und Springen über Cavaletti oder niedrige Hindernisse sind ideal, um die gähnende Langeweile aus dem Viereck zu vertreiben und triebige Pferde aufzumuntern. Beim Überqueren der Stangen muss das Pferd seine Beine höher heben als gewohnt und trainiert Muskeln, die sonst weniger beansprucht werden. Durch die vermehrte Rückentätigkeit wird die Durchlässigkeit verbessert. Ein durchlässigeres Pferd wird wieder Spaß an der Arbeit finden.

Kleine Hindernissprünge gymnastizieren ebenfalls: Beim Absprung wölbt sich der Rücken, über dem Sprung und bei der Landung zieht sich der Rückenmuskel zusammen.

Beim Stangentreten muss das Pferd genau taxieren – das fordert die Aufmerksamkeit.

Wichtig beim Reiten über Stangen oder Cavaletti ist, dass das Pferd keine Hilfszügel trägt, die es blockieren könnten. Reiten Sie im leichten Sitz, um den Pferderücken zu entlasten, und geben Sie mit der Hand nach, damit sich das Pferd ungehindert in die Vorwärts-abwärts-Haltung begeben kann. Die Abstände zwischen den Stangen sind von Pferd zu Pferd verschieden und müssen individuell ausgemessen werden. Als Richtmaße für ein Großpferd gelten 0,80 Meter bei Schrittstangen und 1,30 Meter bei Trabstangen – mit leichten Variationen je nachdem, ob man im versammelten oder verstärkten Tempo beziehungsweise auf gebogenen oder geraden Linien reitet. Bei Cavaletti können auch die Höhen variiert werden. Stangen sollten immer zum Beispiel mit Plastikblöcken fixiert werden, da lose auf dem Boden liegende Stangen leicht wegrollen und das Pferd verletzen können. Vorsichtshalber sollte das Pferd Schutzgamaschen und Hufglocken tragen.

Beginnen Sie mit einer Stange, über die Ihr Pferd zwanglos im Schritt und Trab hinüberzutreten lernt. Später kommen dann bis zu fünf Stangen jeweils für den Schritt und Trab dazu. Um sich nicht stur auf eine Gangart festlegen zu müssen, sollten Sie Schritt- und Trabdistanzen gleichzeitig aufbauen. Zum Lösen eignen sich Schritt- und Trabstangen auf geraden Linien in den oben aufgeführten Standardabmessungen. Wollen Sie die Schubkraft fördern, legen Sie die Stangen weiter auseinander; möchten Sie die Tragkraft verbessern, schieben Sie die Stangen enger zueinander. Um taktvolle, schwingende Bewegungen in der Trabverstärkung zu trainieren, kann man eine Stange in der Reihe weglassen. Für diesen Zwischenschritt muss das Pferd die Stangen genau anvisieren, wodurch es den Hals lang macht und den Rücken vermehrt wölbt. Diese Variante kann man aber auch im Schritt durchführen. Damit Sie nicht ständig absitzen und umbauen müssen, postieren Sie die Stangen so, dass der erste Hufschlag für das Reiten außen herum frei bleibt.

Wollen Sie verstärkt Balance und Wendigkeit trainieren, legen Sie Schritt- und Trabstangen in geringen Abständen fächerförmig auf zwei verschiedene Zirkel, und zwar jeweils auf die kurze Seite des Vierecks. Auf diese Weise stehen die

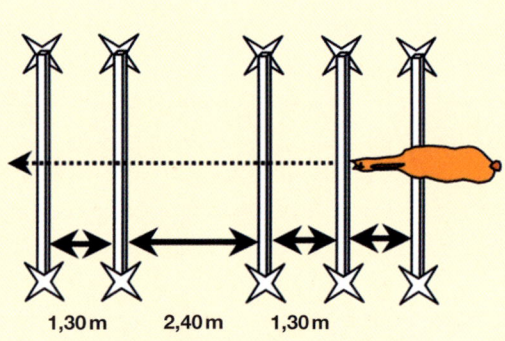

1,30 m   2,40 m   1,30 m

Trabstangen mit Zwischentritt

*Niedrige Sprünge
ertüchtigen insbesondere
die Hinterhand.*

Diagonalen und die langen Seiten für das Vorwärtsreiten zur Verfügung, und Sie können abwechselnd auf beiden Händen sowohl über die Schritt- als auch über die Trabstangen reiten.

Beachten Sie, dass Sie den Stangenaufbau immer wieder verändern, damit sich Ihr Pferd jedes Mal neuartigen Aufgaben stellen muss und die Freude am Stangentraining nicht verliert. Die Anforderungen müssen individuell angeglichen werden. Bedenken Sie auch, dass Stangentreten viel Kraft kostet und anstrengend ist. Beenden Sie also die Übungseinheit rechtzeitig, reiten Sie zwischendurch ohne Stangen und planen Sie am Folgetag eines intensiven Stangentrainings eine Entspannungspause mit leichterer Arbeit ein.

Ist Ihr Pferd im Stangentreten sicher, können Sie auch über ein einzelnes Cavaletto, ein Stangenkreuz oder einen Steilsprung springen, anfangs aber nicht höher als 60 Zentimeter. Nehmen Sie dieses Hindernis zunächst im Trab, dann im

Galopp. Eine Absprungstange circa 2,50 Meter vor dem Hindernis hilft dem Pferd, passend abzuspringen und im Rhythmus zu bleiben. Später können Sie dann auch über zwei niedrige Hindernisse auf einer Distanz von etwa 23 Metern springen. Reiten Sie zuerst gemächlich mit sechs Galoppsprüngen, dann mit fünf bei erhöhtem Tempo. Pferd und Reiter erhalten bei dieser Distanz ein besseres Gefühl für ein frisches Grundtempo.

Eine sogenannte Gymnastikreihe besteht aus fünf Cavaletti. Beginnen Sie mit zwei Cavaletti und fügen dann immer ein weiteres hinzu. Schließlich können Sie als vierten Sprung einen Oxer einbauen, indem Sie zwei Cavaletti direkt hintereinanderstellen. Die Abstände zwischen den ersten drei Cavaletti betragen circa 6 Meter, zwischen Cavaletti und Oxer 6,20 Meter und zum letzten Cavaletti 6,10 Meter.

Schon etwas schwieriger ist eine weitere Variante der Gymnastikreihe: Hierzu legen Sie zwei Stangen im Abstand von 2,50 Metern, danach folgt ein Stangenkreuz in 2,70 Meter Entfernung, dann ein Steilsprung in 6,00 Metern Abstand und schließlich ein Oxer auf 6,50 Metern Distanz.

Gymnastikreihen mit In-Out-Sprüngen verbessern das Rhythmusgefühl.

Gymnastikreihen sollten drei- bis sechsmal hintereinander durchlaufen werden. Sie sorgen für ein verbessertes Rhythmusgefühl bei Pferd und Reiter, trainieren durch kraftvolles Abdrücken mit den

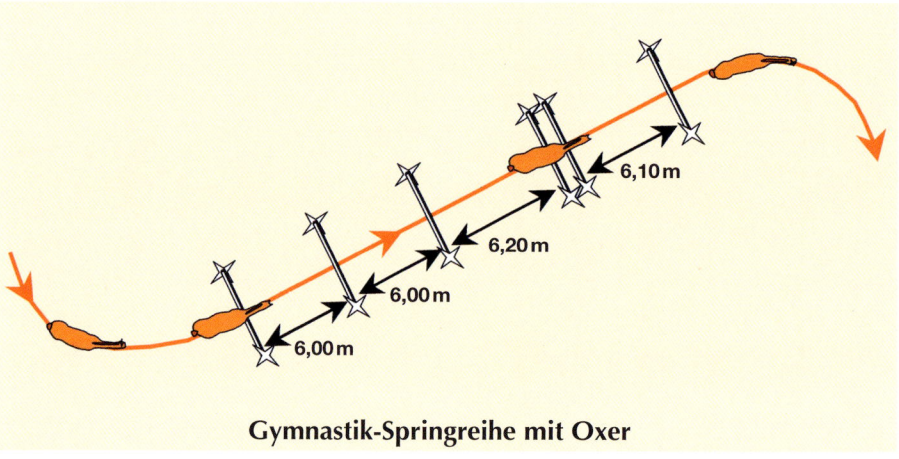

6,10 m

6,20 m

6,00 m

6,00 m

Gymnastik-Springreihe mit Oxer

Hinterbeinen vermehrt die Hinterhandmuskulatur und steigern die Kondition.

Ist Ihr Pferd gut ausbalanciert, können Sie mit ihm auch auf dem Zirkel springen. Hierzu stellen Sie entweder vier Cavaletti in gleichmäßigen Abständen auf der gesamten Zirkellinie verteilt oder in kurzen Abständen von 2,50 Metern auf. Bei der ersten Variante können Sie weiter außen mit jeweils vier Galoppsprüngen

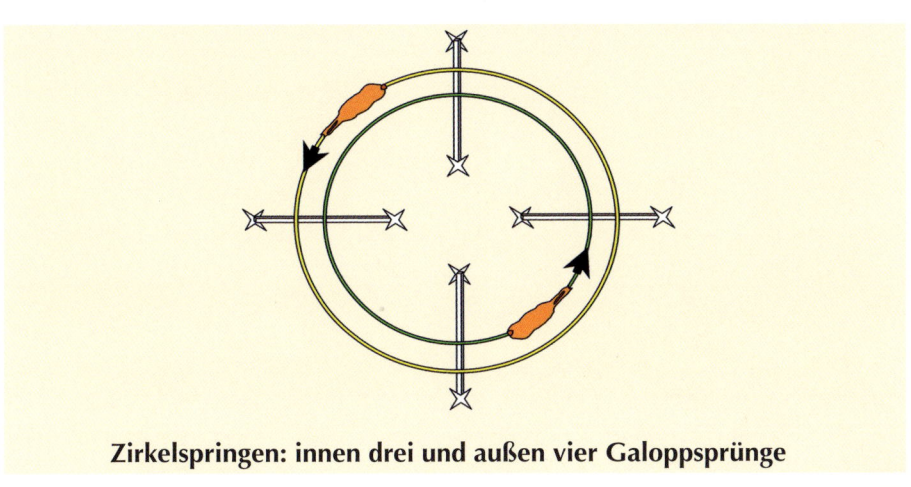

Zirkelspringen: innen drei und außen vier Galoppsprünge

oder weiter innen mit nur drei Zwischensprüngen reiten. Beim Zirkelspringen auf kurzen Distanzen springt das Pferd sofort nach dem Aufsprung wieder ab (In-out-Sprünge). Durch die engen Abstände werden Rhythmus und Gleichgewichtssinn gleichermaßen geschult. Weil das Pferd im Kreis galoppiert, trägt das innere Hinterbein mehr Gewicht und wird stärker trainiert. Deshalb auf beiden Händen gleich lang arbeiten.

Anfangs ist es leichter, wenn die Hindernisse auf dem Hufschlag entlang der langen Seite stehen und die offene Seite mit Fängen abgeschirmt wird, um ein Vorbeilaufen zu vermeiden. Springt das Pferd sicher und freudig, ist es sinnvoller, die Hürden auf der langen Diagonale durch die ganze Bahn aufzubauen. Das ermöglicht das Geradeausreiten für Erholungsphasen zwischendurch.

Durch Knisterschmuck wird das Stangen-L zur echten Herausforderung.

Dosieren Sie auch das Springtraining und arbeiten Sie Ihr Pferd nicht öfter als zweimal pro Woche über Hindernisse.

Achten Sie darauf, dass Sie Ihr Pferd beim Springen nicht stören, sondern gehen Sie weich in der Bewegung mit, indem Sie Ihren Oberkörper vorneigen und mit den Armen nach vorn gehen. Dabei schwebt das Gesäß die ganze Zeit über dem Sattel, die Beine liegen ruhig am Pferdekörper. Damit Sie richtig in den Leichten Sitz gehen können, sollten Sie die Steigbügel um ein bis zwei Löcher kürzer schnallen.

Aufwachen mit Trailhindernissen

Eine weitere ausgezeichnete Abwechslung zur Reitroutine ist der Trail. Das Pferd wird durch die unterschiedlichen Aufgaben aufmerksamer, trittsicherer, beweglicher und verbessert sein Körpergefühl.

*Schwankende Boden-
hindernisse beflügeln
triebige Pferde.*

Zudem lernen Sie Ihr Pferd besser kennen und festigen das Vertrauensverhältnis zu ihm.

Voraussetzung für den Ritt im Trail ist eine solide Ausbildung unter dem Sattel. Das Pferd sollte auch auf feinere Zügel- und Schenkelhilfen sowie auf Gewichtsverlagerung reagieren, muss sich auf gebogenen Linien ausbalancieren können und Lektionen wie Anhalten, Rückwärtsrichten und Vorhandwendung sicher beherrschen. Bevor Sie allerdings die einzelnen Trailhindernisse vom Pferderücken aus in Angriff nehmen, sollten Sie Ihr Pferd zunächst an der Hand damit vertraut machen. Sofern Ihr Pferd einige der Aufgaben schon aus dem Führtraining über

Bodenhindernisse kennt, können diese von Beginn an geritten überwunden werden. Steigern Sie nach und nach den Schwierigkeitsgrad, bis Ihr Pferd alle Hindernisse vom Sattel aus ungezwungen, aber konzentriert und willig bewältigt. Innerhalb eines Hindernisses soll sich das Pferd problemlos anhalten lassen, ruhig stehen bleiben und rückwärts gehen können. Schließlich kann man die einzelnen Aufgaben miteinander verknüpfen und einen Gesamtparcours durchreiten.

Aus Sicherheitsgründen sollte die Traileinheit nur innerhalb eines eingefriedeten Terrains, also auf dem Reitplatz oder in der Halle, stattfinden. Auch Ihr sonst so gelassenes Pferd kann plötzlich scheuen, wenn es mit außergewöhnlichen Geräuschen oder unbekannten Situationen konfrontiert wird. Stellen Sie sich darauf ein und tragen Sie entsprechende Sicherheitsausrüstung.

Im Grunde können alle Hindernisse aus der Bodenarbeit zum Einsatz kommen und für das Trailtraining ergänzt und/oder abgewandelt werden. Eine Slalomstrecke – bestehend aus Tonnen, Hindernisständern oder Pylonen in Abständen von drei Metern – soll mittels Schlangenlinien zunächst im Schritt, dann im Trab flüssig durchritten werden. Weil das Pferd hierbei ständig seinen Schwerpunkt

verlagert, schult es seinen Gleichgewichtssinn und wird wendiger.

Bauen Sie sich aus Stangen eine Gasse, ein Zickzack, einen Stangenstern oder diverse Formationen in L-, U- oder Labyrinth-Form. Interessanter werden diese Stangenhindernisse, wenn man sie an den Rändern mit bunten Luftballons schmückt und zusätzlich einen ausgedienten Autoreifen oder einen im Zickzackkurs gelegten Wasserschlauch auf den Boden legt. Das Überreiten verlangt bewusstes Hinschauen und genaues Taxieren des Pferdes und schult seine Trittsicherheit.

Das Halsringreiten wirkt befreiend und entspannend auf Pferde.

Denkbar sind auch Schenkelweichen vor oder über einer Stange, eine Vorhandwendung im Stangenviereck oder das ganz langsame Überreiten einer Stange, wobei das Pferd nach jedem gesetzten Bein fünf Sekunden verharren muss, was höchste Konzentration erfordert und es für feinste Hilfengebung sensibilisiert.

Mit Stangen und Hindernisständern oder einem Strohstapel kann man beidseitige, seitliche Begrenzungen schaffen, die einen Engpass bilden. Hier soll das Pferd exakt mittig hindurchtreten, ohne etwas umzuwerfen. Erschwert wird diese Aufgabe durch das Auslegen einer Plastikplane.

Beliebte Trailaufgaben sind das Öffnen und Schließen eines Regenschirms zu Pferde oder das Durchreiten eines Flattervorhangs, durch die normalerweise die Gelassenheit des Pferdes demonstriert werden sollen, für unseren Zweck jedoch für ein Mehr an Anregung sorgen.

Ferner sind Brücke und Wippe bewährte Trailhindernisse. Ist das Pferd mit der Wippe vertraut, können Sie das Anhalten auf der Wippenmitte probieren und durch Verlagerung des Körpergewichts die Wippe zum Schaukeln bringen – eine ausgezeichnete Übung für Gleichgewicht und Körpergefühl.

Eine Standardaufgabe im Trailparcours ist die Tordurchquerung, bei der sich das Pferd einhändig reiten lassen muss, weil der Reiter mit der anderen Hand das Tor öffnen, während des Durchreitens festhalten und dann wieder schließen muss. Hierzu muss das Pferd gut an den Hilfen stehen und auf kleinste Gewichtsverlagerungen reagieren, um die geforderte Vorhandwendung während der Tordurchquerung umsetzen zu können.

Ohne Sattel oder mit Halsring

Das sattel- und/oder zügellose Reiten ist wie geschaffen, um ausgeglichenen, aber zur Trägheit neigenden Pferden neue Bewegungsimpulse zu geben. Beide Reitvarianten manifestieren das Vertrauen zwischen Mensch und Pferd, die Kommunikation wird intensiver. Wer „ohne" reitet, schult zudem seinen Gleichgewichtssinn und trainiert einen zügelunabhängigen Sitz.

Beim Reiten auf dem bloßen Pferderücken besteht ein direkter Kontakt zwischen Reiter und Pferd. Man spürt jeden Muskel des Pferdes. Dadurch erhält der Reiter ein besseres Gefühl für die Bewegungen seines Pferdes und für die eigene Hilfengebung. Wer allerdings noch keinen sicheren, relativ ausbalancierten Sitz hat, kann beim Reiten ohne Sattel leicht zur Seite wegrutschen. Dadurch verkrampft man sich automatisch, zieht die Beine hoch und klammert mit den Unterschenkeln, was nicht nur den drohenden Abgang beschleunigt, sondern auch das Pferd verunsichert und verspannen lässt. Ein Voltigiergurt zum Festhalten oder ein Bareback-Pad, das ebenfalls einen Haltegriff bietet, können über anfängliche Schwierigkeiten hinweghelfen und den Einstieg ins sattellose Reiten erleichtern.

Ideal zum Reiten ohne Sattel sind Pferde mit einem breiten und gut bemuskelten Rücken. Weniger geeignet sind dagegen Pferde mit schmalem, wenig bemuskeltem Rücken und stark ausgeprägtem Widerrist. Auf diesen Pferden sitzt es sich zum einen äußerst unangenehm und zum anderen drückt das Gesäß unmittelbar auf die Wirbelsäule, weil die puffernde Wirkung des Sattels fehlt. Auf Dauer kann das zu hohen,

!

Das Reiten ohne Sattel kann man mit einem Voltigiergurt oder einem speziellen Pad üben.

Dressureinlagen auf der grünen Wiese erweisen sich als Motivationsschub.

punktuellen Druckbelastungen und Rückenschmerzen führen. Bei solchen Pferden und/oder bei einem hohen Reitergewicht sollte man sich und seinem Pferd zuliebe besser aufs sattellose Reiten verzichten oder auf kurze Einheiten hin und wieder beschränken.

Beginnen Sie mit dem Reiten auf dem blanken Pferderücken in einem umzäunten Areal auf geraden und gebogenen Linien im Schritt. Haben Sie mehr Übung, können Sie auch Trab und Galopp, Über- und Seitengänge probieren. Wer sich in allen drei Gangarten sicher fühlt, kann auch kurze Ausritte wagen. Weil das Ausreiten ohne Sattel aber selbst auf einem geländesicheren Verlasspferd nicht ohne Risiko ist, sollte man gefährliche Situationen sowie Straßen meiden oder

unterwegs absitzen und sein Pferd führen. Das Reiten ohne Sattel auf öffentlichen Wegen und Straßen (auch im Wald!) wird von der deutschen Rechtsprechung als grob fahrlässig oder sogar in einigen Fällen als „vorsätzlich" angesehen. Im Schadensfall trifft den Reiter 100 Prozent Schuld, der Pferde-Versicherungsschutz oder die private Haftpflicht entfallen komplett.

Befreit vom Zaumzeug werden nicht wenige Pferde fleißiger und arbeitswilliger, da der Halsring lediglich auf die untere Halsmuskulatur einwirkt und das Pferd überwiegend mittels Gewichts- und Schenkelhilfen dirigiert wird. Züumungsbedingte Steifheiten und Verspannungen lösen sich, weil das Pferd nahezu ungehindert in

Dehnungshaltung mit aufgewölbtem Rücken gehen kann. Voraussetzung für das Reiten mit Halsring ist allerdings, dass das Pferd so weit ausgebildet ist, dass es sich selbst zu tragen vermag. Ansonsten droht eine Überlastung der Vorhand. Da versammeltes Arbeiten mit dem Halsring prinzipiell nicht möglich ist, sollte man das zügellose Reiten nur gelegentlich in den Trainingsplan einbauen.

Das Halsringreiten kann man mit oder ohne Sattel ausüben, wobei man sattellos direkter und noch deutlicher auf das Pferd einwirken kann, wenn die Zügelhilfen weitgehend wegfallen. Die Kombination aus dem Reiten ohne Sattel und Zaumzeug verfeinert Sitz und Hilfengebung des Reiters, sensibilisiert das Pferd und fördert die Zusammenarbeit zwischen beiden. Die Handhabung des Halsringes erfolgt durch impulsartige Signale in verschiedenen Positionen am Pferdehals und unter Zuhilfenahme der üblichen und dem Pferd bekannten Gewichts- und Schenkelhilfen. Solange Gangart und Tempo gehalten werden sollen, liegt der Halsring passiv und ohne Druck im unteren Drittel des Halses an. Zur Tempoverstärkung nimmt man den Halsring durch Vorgehen der Hand kurz vom Hals weg, während man den Halsring beim Verkürzen des Tempos etwas höher am Hals ansetzt und leichte Druckimpulse gibt. Für Wendungen, Biegungen und Seitengänge legt man den Halsring an die äußere Seite des Pferdehalses an und gibt entsprechende Signale.

Zur Gewöhnung reiten Sie anfangs mit Zaumzeug und dem Halsring, der zusätzlich um den Hals liegt. Nehmen Sie die Zügel in die eine und den Halsring in die andere Hand und geben Sie die Halsringsignale gleichzeitig zu den Zügelhilfen, bis Ihr Pferd diese versteht und zu deuten weiß. Erst dann können Sie das Zaumzeug abnehmen und die Anforderungen schrittweise erhöhen. Da das zügellose Ausreiten selbst mit einem sehr braven und nervenstarken Pferd zu riskant wäre und überdies nach der Straßenverkehrsordnung beziehungsweise versicherungsmäßigen Auflagen nicht erlaubt ist, dürfen Sie das Halsringreiten ausschließlich in einem sicher abgeschlossenen Terrain trainieren.

Geländegängiger im „Fitnesszentrum" Natur

Durch ständig wechselnde Eindrücke inspiriert, werden die meisten Pferde im Gelände lebhafter und bewegen sich

Kleine Mutproben unterwegs

Alles, was anders oder neu ist, regt das Pferd an und macht es munterer. Beispielsweise können Sie Ihre Hausstrecke in umgekehrter Richtung reiten oder noch unbekannte Abkürzungen oder Umwege einbauen. Wo immer außergewöhnliche Gegenstände wie im Wind scheppernde Schilder oder knisternde Folien auftauchen, sollten Sie versuchen, Ihr Pferd so nah wie möglich heranzureiten. Zwang ist hier allerdings tabu! Das Pferd darf nicht in Panik geraten, sich abwenden oder umdrehen. Solche kleinen „Mutproben" gestalten den Ausritt abwechslungsreicher und fördern das Vertrauen zwischen Reiter und Pferd.

*Reiten im Wasser
weckt und trainiert
Pferde gleichermaßen.*

automatisch in einem frischeren Grundtempo. Wald und Flur bieten zahlreiche Möglichkeiten, Pferde zu motivieren, zu gymnastizieren und zu trainieren. Regelmäßige Ausritte tragen zum beiderseitigen Vergnügen bei und machen das Pferd fitter und rittiger.

Gymnastik beim Ausreiten

Nahezu alle Dressurlektionen lassen sich genauso gut im Gelände wie in der Reitbahn durchführen. Oftmals funktioniert das Dressurreiten im Grünen sogar besser, weil es draußen für das Pferd interessanter ist als im tristen Viereck. Deshalb eignet sich das dressurmäßige Gymnastizieren

im Freien vor allem für Pferde, die in der heimatlichen Reitbahn nur unwillig und lustlos mitarbeiten, also eine gewisse Dressurverdrossenheit entwickelt haben.

Nutzen Sie abgemähte Wiesen oder Stoppelfelder für Dressureinlagen, indem Sie sich ein imaginäres Viereck vorstellen. Informieren Sie sich vorher, ob der Landwirt das Reiten auf seinen abgeernteten Flächen erlaubt. Einzelne Bäume, Sträucher, große Steine oder andere natürliche Geländestrukturen sind ideal, um Zirkel oder Volten zu reiten. Baumreihen in lichten Wäldern oder auf Feldern und Wiesen liegende Stroh- oder Heuballen sind prima zum Reiten von Schlangenlinien und Achten. Meist lassen sich die Pferde hier leichter biegen als beim Reiten abstrakter Bahnfiguren im Dressurviereck, weil es für sie anschaulicher ist. Die Zwischenräume können Sie für Seitengänge nutzen. Auch entlang von Hecken oder Zäunen kann man Seitengänge gut einbauen, weil das Pferd daran Anlehnung findet. Auf geraden Wegstrecken sollten Sie ebenfalls entweder auf der rechten oder der linken Hand reiten und Ihr Pferd entsprechend leicht nach innen stellen. Traben Sie je nach Hand und Stellung auf dem richtigen Fuß leicht und reiten Sie bewusst Rechtsoder Linksgalopp im leichten Sitz. Orientieren Sie sich beim Gangarten- oder Tempowechsel an ausgesuchten Fixpunkten

und üben Sie punktgenaues Anhalten sowie Anreiten.

Reiten Sie im Gelände möglichst über Böden von unterschiedlicher Beschaffenheit: Gras, Sand, feste Wald- und Feldwege sowie auch kurze Strecken über Asphalt. Das stärkt vor allem Sehnen und Bänder. Auf hartem Untergrund darf allerdings nur Schritt gegangen werden. Achten Sie auf einen entsprechend dämpfenden Hufschutz und meiden Sie hufschädigende Steinwege sowie tiefe Matschböden, die Sehnen und Bänder zu stark belasten. Dagegen sollten Sie Bodenunebenheiten wie Mulden, Furchen, Baumwurzeln oder dünne Baumstämme bewusst nutzen, um

Feste Geländesprünge sind ein geeignetes Krafttraining.

Ihr Pferd aufmerksamer und trittsicherer zu machen, indem Sie es langsam und konzentriert darüber treten lassen.

Zur Gymnastizierung hervorragend geeignet sind Gewässer mit festem Sandboden wie flache Flüsse, Bäche oder im Meer am Strand. Dort kann man dann auch mal über eine längere Strecke im Wasser reiten – jedoch nie länger als zehn Minuten. Ein optimaler Trainingseffekt wird erzielt, wenn das Wasser bis zu den Karpalgelenken reicht. Dann muss das Pferd ähnlich wie bei der Cavalettiarbeit seine Beine höher heben und gegen den Wasserwiderstand arbeiten, was die Muskulatur von Oberarm, Schulter, Hals, Rücken und Oberschenkel gleichermaßen kräftigt. Zugleich ist Aquatraining im Gelände ideal zum Kühlen der Pferdebeine. Üben Sie das Wassertreten – wenn möglich – über eine Distanz von mindestens 100 Metern, zuerst im Schritt, später auch im Trab.

Mehr Kraft durch Naturhindernisse

Nutzen Sie schmale Gräben oder quer über dem Waldweg liegende, aber astlose und höchstens 0,80 Meter hohe Baumstämme zum Springen. Vielleicht befindet sich ja in Ihrer Nähe auch ein Vielseitigkeitsparcours mit Naturhindernissen, auf dem Sie ab und zu reiten dürfen. Springeinlagen im Gelände trainieren Hinterhand und Rücken des Pferdes und haben eine positive Wirkung auf die Rumpfmuskulatur, die gestärkt und elastischer wird.

Auch durch das Reiten über Abhänge und Hügel erhält das Pferd eine kraftvolle Hinterhand, die als sein „Antriebsmotor" gilt. Will man diesen „frisieren", muss man an steilen Hängen trainieren. Hierzu

reiten Sie im Schritt und möglichst gerade bergauf und bergab. Zum Bergaufreiten verlagert das Pferd seinen Schwerpunkt nach hinten und muss mit den Hinterbeinen mehr Gewicht aufnehmen. Beim Abwärtsreiten lastet das Gewicht zwar größtenteils auf der Vorhand, das Pferd muss aber auch dann mit der Hinterhand gut untertreten. Weil es Steigung oder Gefälle Schritt für Schritt bewältigt, kräftigt es in erster Linie die Hinterhandmuskeln, aber auch den Bauch und über den langen Rückenmuskel die Vorhand. Am intensivsten, aber auch am anstrengendsten ist dieser Trainingseffekt beim Rückwärtsrichten am Hang. Bei steilen Abhängen genügt deshalb ein Schritt zurück, bei geringerer Steigung sollte das Pferd maximal fünf Schritte rückwärts gehen. Möglichkeiten für die Kletterarbeit zu Pferde finden sich fast überall. Gehen Sie beim Bergreiten grundsätzlich in den leichten Sitz und lassen Sie Ihrem Pferd viel Kopffreiheit.

Wenn Sie an Böschungen in großen Volten und im Schritt hinauf und hinunterreiten, muss das Pferd ebenfalls seine Hinterbeine weit untersetzen. Zirkelreiten im Trab auf leicht abschüssigen Wiesen aktiviert die Hinterhand ebenso wie ein Galopp auf leicht ansteigenden Wiesen oder im hügeligen Gelände. Bergan können Sie das Tempo verstärken, bergab das Tempo so weit zurücknehmen, dass das Pferd sich gut ausbalancieren kann.

Konditionssteigerung durch Intervalltraining

Lange, flache Geraden mit federndem Untergrund bieten Gelegenheit, die Ausdauer und Schnelligkeit des Pferdes zu

fördern. Voraussetzungen hierfür sind allerdings eine solide Grundkondition, die man am besten durch flottes Schrittreiten auf ein- bis zweistündigen Ritten aufbaut, sowie ausreichende Muskelkraft durch entsprechendes Krafttraining. Beim Intervalltraining wechseln grundsätzlich Phasen in schneller Gangart (Trab oder Galopp) mit Schrittstrecken ab. Das Training startet immer mit zehn Minuten Schritt zum Aufwärmen und endet stets mit zehn Minuten Schritt zum Abreiten.

Beginnen Sie das Ausdauertraining mit kurzen Schritt-Trab-Schritt-Intervallen im Fünf-Minuten-Rhythmus. Steigern Sie die Rhythmen allmählich auf jeweils zehn Minuten und die Anzahl der Zeitspannen auf vier im fleißigen Schritt und

Lange Wiesenwege sind ideal, um Ausdauer und Schnelligkeit zu steigern.

zügigem Mitteltrab. Stimmt die Kondition, trainieren Sie extensive Intervalle, indem Sie eine rund 1000 Meter lange Strecke viermal in konstant ruhigem Tempo galoppieren. Zwischen jeder Galopphase folgt eine zehnminütige Schrittetappe. Erst wenn das Pferd genügend Ausdauer entwickelt hat, dürfen Sie durch intensives Intervalltraining die Schnelligkeit verbessern. Hierzu galoppieren Sie im mittleren Tempo eine etwa 500 Meter lange Strecke. Wiederholen Sie diese dreimal und unterbrechen Sie die Galopphasen durch Schrittpausen von wenigstens zehn Minuten.

Beim Intervalltraining bestimmt der Puls Ihres Pferdes, wann Sie die Gangart wechseln dürfen. Der Ruhepuls eines Pferdes beträgt 28 bis 48 Schläge pro Minute, abhängig vom Pferdetyp, Alter und der individuellen Leistungsfähigkeit. Je nach Tempo steigt der Puls im Schritt auf 60 bis 80, im Trab auf 120 bis 140 und im Galopp auf 160 bis maximal 250 Schläge pro Minute. Für das Intervalltraining darf die Obergrenze jedoch bei höchstens 160 Schlägen pro Minute liegen. Trainiert man Ausdauer durch extensive Intervalle, muss sich der Puls auf die jeweilige Ruhefrequenz gesenkt haben, ehe das Pferd wieder traben oder galoppieren darf. Setzt man auf Schnelligkeit durch kurze, intensive Schritt-Galopp-Rhythmen, muss der Puls auf 60 bis 64 Schlägen pro Minute gefallen sein, bevor man erneut beschleunigt. Die Pulswerte geben Auskunft über den jeweiligen Konditionszustand des Pferdes: Je schneller der Ruhepuls erreicht ist, umso fitter ist das Pferd. Um einen hohen Fitness-Level zu halten, ist regelmäßiges Intervalltraining beim Ausreiten erforderlich.

! Beim Intervalltraining darf der Puls des Pferdes auf maximal 160 steigen.

Damit Sie während des Trainings nicht x-mal vom Pferd steigen müssen, um den Puls zu messen, lohnt die Anschaffung eines Pulsmessgerätes aus dem Sportgeschäft. Fixieren Sie den Pulsmesser in Herznähe an der linken Sattelgurt-Innenseite. Er überträgt die Pulsfrequenz des Pferdes auf eine Art Armbanduhr, die Sie am Sattel festmachen oder sich ums Handgelenk schnallen. Auf diese Weise können Sie den Puls Ihres Pferdes jederzeit bequem kontrollieren.

Partner-Power

Manchmal ist es nicht einfach, sein Pferd allein zu mobilisieren. Mit der Hilfe eines vier- oder zweibeinigen Partners ist das meist leichter – und das nicht nur im Gelände, sondern auch in der Reitbahn.

Ansporn durch Artgenossen

Beim Reiten mit Handpferd bieten sich zwei Möglichkeiten an, sein antriebsschwaches Pferd in vierbeiniger Gesellschaft zu aktivieren: Sie reiten Ihr eigenes Pferd und nehmen als Handpferd ein bewegungsfreudiges Pferd mit, das Ihres „ansteckt" und zu mehr Lauflust anstachelt. Zudem gewinnt es an Selbstvertrauen, weil es seine Stärken wie Gelassenheit und Zuverlässigkeit voll ausspielen kann und Freude an seiner Führungsaufgabe entwickeln wird.

Oder Sie reiten ein anderes, Ihnen vertrautes und verlässliches Pferd und führen Ihr eigenes als Handpferd mit, das in Begleitung dieses agileren Reitpferdes Ermunterung erfährt und fleißiger wird.

Um das Reiten mit Handpferd zu üben, braucht man einen sicher eingezäunten Platz.

Auf diese Weise können auch rekonvaleszente, muskelschwache oder reitmüde Pferde rückenschonend und ausreichend bewegt und deren Kondition ohne Reitergewicht verbessert werden. Des Reitens überdrüssige oder verspannte Pferde lösen sich und erhalten wieder Spaß an der Arbeit.

Voraussetzung ist allerdings, dass sich das gerittene Pferd mit einer Hand lenken lässt, gut auf Gewichts- und Schenkelhilfen reagiert und selbst in schwierigen Situationen Ruhe bewahrt. Das Handpferd muss eine solide Führausbildung haben. Beide Pferde sollten sich gut kennen und weder beißen noch treten. Im Idealfall stimmen sie in Größe und Gangvermögen einigermaßen überein. Reiter rüsten sich mit Helm und Handschuhen aus. Reitpferde werden wie üblich gezäumt und gesattelt. Handpferde tragen je nach Ausbildungsstand und Temperament ein stabiles Halfter mit einem zwei bis drei Meter langen Führstrick oder einer Führkette. Anstatt der Führkette kann auch ein Knotenhalfter oder ein Kappzaum verwendet werden.

Zum Üben empfiehlt sich eine geschlossene Reitbahn oder eine sicher eingezäunte Koppel. Das Handpferd geht rechts vom Reitpferd, wobei sich sein Kopf etwa auf Schulterhöhe des gerittenen Pferdes befinden sollte. Der Reiter hält mit der linken Hand die Zügel und mit der rechten Hand den Führstrick und eine lange Dressurgerte. Die Hilfengebung erfolgt durch Stimme, Führstrick und Gerte, die das Handpferd zuvor schon im Führtraining kennengelernt hat. Zu Beginn ist ein Helfer sehr nützlich, der das Handpferd zu Fuß und mit sicherem Abstand von hinten antreibt.

Anfangs reiten Sie an der Reitplatz- oder Weideumzäunung entlang, wobei das Handpferd zwischen Reitpferd und Zaun läuft, damit es nicht zur Seite ziehen oder mit der Hinterhand ausbrechen kann. Sie trainieren das gemeinsame Antreten, das simultane Laufen im Schritt und das gleichzeitige Anhalten. Trödelnde Handpferde werden durch Antippen mit der Gerte auf die Kruppe angetrieben, wobei das Reitpferd gleichzeitig gezügelt werden muss. Drängelnde

Handpferde werden durch Zupfen, notfalls auch durch einen deutlichen Ruck am Führstrick gebremst.

Auch Wendungen, Seitenwechsel und das Einordnen hinter dem Reitpferd bei Engpässen sollten eintrainiert werden. Für eine Rechtswendung strecken Sie den rechten Arm deutlich in Richtung Handpferd und drücken es – wenn nötig – seitlich am Hals heraus. Das gerittene Pferd hat bei einer Wendung nach rechts den weiteren Weg und muss entsprechend getrieben werden. Bei einer Linkswendung ist es umgekehrt. Hier muss das Reitpferd gezügelt werden, während das Handpferd zügiger gehen muss. Soll das Handpferd für einen Seitenwechsel oder das Passieren einer Engstelle zurückbleiben, geben Sie das entsprechende Stimmkommando und

Wenn kein Handpferd zur Verfügung steht, kann auch ein Jogger oder Radfahrer zu mehr Bewegung animieren.

Beim gemeinsamen Galopp entwickelt sich Gruppendynamik von ganz allein.

halten Sie ihm anfangs den Gertenknauf bremsend vor die Nase. Nach einigen Trainingseinheiten sollte das Reiten mit Handpferd aber auch ohne Gerteneinsatz funktionieren. Später üben Sie dann das gemeinsame Traben und Galoppieren ein, bewältigen einfache Bahnfiguren oder bewegen sich zusammen über oder um Bodenhindernisse.

Haben Sie als Team eine gewisse Routine im Handpferdereiten, können Sie auch Ausflüge ins Gelände unternehmen und allmählich ausdehnen. Meiden Sie aber verkehrsreiche Straßen, Gefahrenstellen und schwierige Geländehindernisse.

Lauftrieb wecken

Trainieren Sie im Gelände mit einem flotten Begleitpferd, dem Sie zügig hinterherreiten. Achten Sie aber darauf, dass Sie ein noch konditionsschwaches Pferd nicht überfordern. Ein untrainiertes Pferd deshalb anfangs nur im Schritt über eine Strecke von maximal fünf bis sechs Kilometern bewegen. Später können Sie die Strecke bis auf zehn Kilometer verlängern und Teilabschnitte gemeinsam traben und galoppieren. Zu zweit macht das Ausreiten nicht nur Ihnen mehr Spaß, sondern auch Ihrem Pferd, das sich an seinem Artgenossen orientiert und durch dessen Dynamik angespornt, reger und flinker wird.

Noch mehr Bewegungsanreize für Ihr Pferd finden Sie in einer größeren Reitergruppe, weil dann der Herdentrieb verstärkt zutage tritt. Während dieser Urinstinkt im Schritt und Trab noch gemäßigt auftritt, wird er beim

Galoppieren im Pulk voll geweckt und lässt alle Triebigkeit mit einem Schlag verschwinden.

Das ist ein tolles Gefühl für den Reiter eines sonst antriebsschwachen Pferdes, birgt aber auch die Gefahr einer Überbelastung, wenn das Pferd noch keine ausreichende Kondition besitzt. Passen Sie als Teilnehmer eines Gruppenausritts Streckenlänge und Tempo dem jeweiligen Trainingszustand Ihres Pferdes an oder trennen Sie sich rechtzeitig von der Gruppe, wenn Sie das Gefühl haben, dass Ihr Pferd überfordert wird.

Auch in der Reitbahn bewirkt ein vierbeiniges Energiebündel als Partner mehr Tatkraft und Arbeitseifer beim trägen Pferd. Am effektivsten ist dieser Motivationsschub, wenn man ähnlich eines Pas de deux nebeneinander reitet und sowohl Bahnfiguren als auch Lektionen synchron ausführt.

Abteilungsreiten, das immer nur stoisch in „Reih und Glied" stattfindet, stumpft Pferde unweigerlich ab, bis sie lustlos hintereinander herzuckeln. Die Pferde langweilen sich, werden immer triebiger und bewegen sich nur noch so viel wie

Durch Simultanreiten im Viereck schwindet die Langeweile.

unbedingt notwendig. Vor allem intelligente Pferde schalten bald ab, drosseln das Tempo auf ein Minimum und arbeiten sozusagen auf Sparflamme. Bereiten Sie der Eintönigkeit ein Ende, indem Sie auch mal zu zweit oder – falls der Platz es zulässt – zu mehreren nebeneinanderreiten, häufig die Position tauschen, gegen die Richtung der Abteilung reiten oder diese in einer schnelleren Gangart überholen und kurzfristig die Tete übernehmen. Auch durch einen gelegentlichen Pferdewechsel können Sie Ihren „Drückeberger" aus der Reserve locken. Ein anderer Reiter mit leicht veränderter Hilfengebung bricht nicht selten erstarrte Verhaltensmuster auf und erzielt so ungeahnte Effekte.

Im Geschirr in Schwung kommen

Ganz neue Perspektiven können sich eröffnen, wenn Ihr Pferd Freude am Ziehen hat. Nicht wenige antriebsschwache Pferde blühen im Geschirr regelrecht auf, werden lebendiger und engagieren sich eifrig, wenn sie vor der Schleppe, einer leichten Kutsche oder einem Schlitten laufen. Das gilt besonders für diejenigen Rassen, die traditionell als Zugpferde eingesetzt und entsprechend gezüchtet werden, wie Haflinger, Norweger, Tinker, Welsh- und Shetlandponys, Friesen und andere Barockpferde sowie schwere Warmblüter und alle Kaltblutrassen. Vor allem immer mehr Kaltblutfans entdecken das freizeitmäßige Fahren als ideale Bewegungsalternative für sich und ihre Pferde.

Das heißt aber nicht, dass man sein Pferd ausschließlich im Geschirr arbeiten sollte. Oftmals ist es sogar so, dass sich

Beim Fahren erhalten viele träge Pferde neuen Schwung.

die durch das Fahren wiedergewonnene Bewegungsfreude aufs Reiten überträgt und diese Pferde auch unter dem Sattel an Schwung gewinnen – es sei denn, Sie entwickeln so viel Spaß auf dem Kutschbock, dass das Reiten mehr oder weniger in den Hintergrund tritt, das Trainingsprogramm insgesamt aber dennoch abwechslungsreich gestaltet wird.

Mehr Zugkraft vor der Schleppe

Bevor das Pferd allerdings eingefahren werden kann, muss es an das Lenken von hinten durch den Langzügel und den Zug

Das Reifenziehen ist eine aufmunternde Körperertüchtigung für das Pferd.

mittels einer Schleppe gewöhnt werden. Hierzu trägt das Pferd Kappzaum oder Zaumzeug mit Doppellonge oder Fahrleinen sowie ein Brustblattgeschirr mit möglichst langen Zugsträngen, an deren Enden eine kurze Zugstange befestigt und ein Autoreifen gebunden wird.

Trainieren Sie zur Sicherheit auf einem umzäunten Gelände, bis das Pferd die Schleifgeräusche akzeptiert. Beginnen Sie mit drei Schritten vorwärts und halten dann an, um das Pferd erneut antreten zu lassen. Gehen Sie anfangs nur geradeaus, später auch auf großen Zirkeln und Schlangenlinien. Beim ersten Mal ist ein Helfer erforderlich, der notfalls den Reifen schnell lösen kann.

Das Reifenschleifen ist aber nicht nur zur Fahrvorbereitung geeignet, sondern infolge des weiten Unterschiebens der Hinterbeine unter den Körper auch als eigene Trainingseinheit zur Stärkung der Hinterhand und Bauchmuskeln.

Hinterhandaktivierung Zug um Zug

Einen ähnlichen Trainingseffekt erzielen Sie mit einem etwa fünf Meter langen Thera- oder Flexaband aus dem Sportgeschäft, das Sie dem Pferd um die Brust legen und durch die Steigbügelriemen oder die unteren Longiergurtringe beidseitig nach hinten führen. Machen Sie jeweils einen großen Knoten in die Enden, damit diese Ihnen unter Spannung nicht ungewollt durch die Hände flutschen und gegen das Pferd klatschen. Ergreifen Sie beide Enden und spannen Sie das Band, indem Sie hinter dem Pferd herlaufen, während ein Helfer das Pferd führt. Je mehr Sie sich dabei zurücklehnen, desto höher ist der Zug, gegen den das Pferd anarbeiten muss. Steigern Sie Zugwiderstand und Zugdauer allmählich und machen Sie zwischendurch Pausen ohne Zug.

Spaßfaktor Einachser

Zum einspännigen Freizeitfahren in der Natur eignen sich vor allem moderne, stabile Einachser wie Sulky oder Gig, die viel Sicherheit bieten und geländetauglich sind. Sie sollten eine besonders breite Spur und einen niedrigen Schwerpunkt haben, was das Umkipprisiko minimiert. Grundsätzlich sollte man beim Kutschenkauf auf eine Mindestspurbreite von 140 Zentimetern und einen möglichst langen Radstand achten. Schließlich muss die Kutsche den Sicherheitsanforderungen der bekannten Prüfungsinstitute (zum Beispiel TÜV, DEKRA) entsprechen.

Zur Fahrausrüstung eines Einspänners gehören ein Brustblattgeschirr mit einem möglichst breiten Selett und verschiebbaren Scherenträgern, eine Schweifmetze von dickerem Durchmesser, ein nicht zu schmales Hintergeschirr, mit Kunststoff verstärkte Zugstränge, eine Einspännerleine von besonders guter Qualität sowie ein stabiles Zaumzeug, eventuell mit einem speziellen Fahrgebiss. Für Fahreinsteiger eignet sich besonders eine doppelt gebrochene Doppelringtrense. Der Fahrer trägt Handschuhe und eine leichte Fahrpeitsche in der rechten Hand.

Der angehende Freizeitfahrer sollte sich unbedingt von einem Fachmann in die Grundkenntnisse des Anschirrens und Fahrens einweisen lassen und mit gut geschulten Fahrpferden die Hilfengebung

Mit geländesicheren Gigs kann man auch mal „einen Zahn zulegen".

und das Lenken der Kutsche einüben. Um das Unfallrisiko herabzusetzen, sollten Sie einen Fahrkurs in einem Fahrverein oder Ausbildungsbetrieb absolvieren und ein Fahrabzeichen ablegen. Das ist nicht nur für die eigene Sicherheit eine vernünftige Entscheidung, sondern auch aus versicherungstechnischen Gründen sinnvoll. Denn die meisten Haftpflichtversicherer verlangen in ihren Unfallbögen einen sogenannten Sachkundenachweis des Gespannführers.

Auch die Fahrausbildung des Pferdes sollte durch einen erfahrenen Ausbilder erfolgen. Vom selbstständigen Einfahren des eigenen Reitpferdes muss hier ausdrücklich gewarnt werden! Denn viele Pferde verhalten sich vor der Kutsche ganz anders als unter dem Reiter, vor allem wenn sie ohne entsprechende Vorbereitung einfach eingespannt werden. Nur wer über eine ausreichende Fahrpraxis verfügt und genügend Fachkenntnis besitzt, kann sein Pferd schrittweise für das Fahren ausbilden.

Haben Sie und Ihr Pferd genügend Erfahrung gesammelt, können Sie auch weitere Geländestrecken zurücklegen oder sich zur Abwechslung im Hindernisfahren um Kegel oder durch eine breit gelegte Stangengasse auf einem möglichst ebenerdigen und größeren Wiesenstück üben.

Aus dem Winterschlaf wecken: Schlittenfahren und Skijöring

Falls Sie das Glück haben, in einer schneereichen Gegend zu wohnen, können Sie Ihr eingefahrenes Pferd im Winter auch vor einen Schlitten spannen.

Neben der Möglichkeit, eine Gig mit zusätzlichen Kufen zum Pferdeschlitten umzufunktionieren, gibt es eigens große Pferdeschlitten mit zwei Scherbäumen, auf dem man selbst als Erwachsener bequem sitzen kann. Aber auch vor einen einfachen Rodelschlitten können Sie ein zugsicheres Pferd spannen. Die Stränge müssen hierzu allerdings extrem lang geschnallt werden, damit der Schlitten dem Pferd beim Anfahren und Anhalten nicht in die Hinterbeine rutscht. Die Leine sollte ebenfalls länger als normal sein und möglichst seitlich durch Ringe laufen, die an den Oberblattstruppen befestigt werden. Dadurch können Sie besser auf Ihr Pferd einwirken. Einfacher ist es, wenn das Schlittenpferd geritten wird. Dann genügt es, zwei sehr lange Stricke

Für geübte Fahrer und Pferde sind Fahrhindernisse eine weitere Herausforderung.

Durch Schlittenfahrten erwacht das Pferd aus dem Winterschlaf.

rechts und links am Sattelgurt oder am Brustblatt zu befestigen. Je nach Zugkraft des Pferdes lassen sich nun mehrere Rodelschlitten hintereinanderhängen – ein großes Vergnügen für Mensch und Pferd!

Bedenken Sie aber, dass ein Schlitten einen sehr geringen Zugwiderstand hat. Lassen Sie deshalb kein überhöhtes Tempo zu, sondern halten Sie das Pferd unter Kontrolle. Außerdem kann ein Rodelschlitten schneller umkippen. Vermeiden Sie deshalb enge Wendungen und fahren Sie Kurven im Schritttempo.

Jedes gut gerittene und gefahrene Pferd kann auch einen Skifahrer ziehen, während es von einem Reiter gelenkt wird. Der Reiter sollte unbedingt sattelfest, der Skifahrer geübt sein. Als Ausrüstung hat sich eine lange Longe bewährt, die rechts und links am Sattelgurt, besser aber an einem breiten Ledervorderzeug oder kurzen

Brustblatt befestigt und über der Kruppe verknotet wird, damit das Pferd nicht in die Stränge treten kann. Der Skifahrer rüstet sich mit Skibrille, Handschuhen und möglichst kurzen Abfahrtsskiern aus. Sehr gute Skifahrer können beim Skijöring auch Zusatzaufgaben wie Slalom, Wendepunkt oder eine kleine Sprungschanze einbauen.

Das gleichzeitige Laufen und Ziehen im Schnee trägt nicht nur zu einer wirksamen Motivation des Pferdes bei, sondern hat zudem einen ähnlichen Trainingseffekt wie das Wassertreten, belastet jedoch Sehnen und Bänder stärker. Deshalb durch tieferen Schnee nur kurze Strecken traben oder galoppieren. Schlittenfahren oder Skijöring im Schritt können Sie dagegen auch über einen längeren Zeitraum durchführen. Seien Sie allerdings vorsichtig, wenn Sie den Boden unter der Schneedecke nicht kennen.

Vom passiven zum aktiven Pferd:

Arbeit, die sich lohnt

Grundsätzlich ist ein träges Pferd ein in seinem Leistungsvermögen und Arbeitswillen wie auch immer blockiertes Pferd, sei es aus Angst vor Schmerzen, aus Verspanntheit oder mangelnder Gymnastizierung, fehlender Kraft und Kondition, einseitiger Belastung oder mentaler Abstumpfung. Körperliche Symptome – gleich welcher Ursache – müssen abgeklärt werden, Fehler bei der Haltung, Fütterung, Ausrüstung oder

Ausbildung erkannt und abgestellt, reiterliche Mängel selbstkritisch beurteilt und durch fachkundigen Unterricht behoben werden.

Neben Optimismus und entsprechendem Know-how sind vor allem Kreativität und Geduld gefragt, wenn man ein passives Pferd erfolgreich aktivieren will. Ein guter Fitnesscoach erstellt ein individuelles Trainingskonzept für sein Pferd mit täglich wechselnden Inhalten und immer wieder anderen Akzenten, damit Langeweile erst gar nicht aufkommt. Er steigert die Anforderungen nur langsam, aber stetig und verfolgt sein realistisch eingeschätztes Ziel konsequent, aber nicht verbissen, sondern plant auch Rückschläge ein und nimmt sie gelassen hin. An jedem Tag ist er präsent und bereit, sein Pferd aufs Neue für die gemeinsame Sache zu gewinnnen: mit List und Lob,

Überlegung und Überlegenheit, Fairness und Mut zum Ausprobieren noch unbekannter Motivationsmethoden. Dabei berücksichtigt er stets die speziellen Veranlagungen und Talente seines Pferdes und lässt sich nicht durch „Besserwisser" beirren.

Wenn man die skizzierten Anregungen umsetzt, sollte sich Erfolg früher oder später einstellen. Die Zeit, die man sich hierzu nehmen muss, ist von Pferd zu Pferd verschieden und reicht von einigen Wochen über mehrere Monate bis zu einem Jahr und länger – je nach Alter und individueller Verfassung. Doch auch der längste Weg beginnt mit dem ersten Schritt, und jeder weitere Schritt bringt Sie Ihrem Traum ein Stück näher – sei es ein spritziger Galopp über ein Stoppelfeld, eine schwungvolle Trabverstärkung im Dressurviereck oder eine rasante Schlittenfahrt.

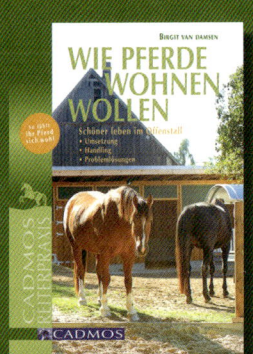